JN298475

10 リスク工学シリーズ

建築・空間・災害

博士(工学) 村尾 修 著

コロナ社

―「リスク工学シリーズ」編集委員会―

編集委員長	岡本 栄司	（筑波大学）
委　　　員	内山 洋司	（筑波大学）
（五十音順）	遠藤 靖典	（筑波大学）
	鈴木 　勉	（筑波大学）
	古川 　宏	（筑波大学）
	村尾 　修	（筑波大学）

（所属は 2008 年 2 月現在）

刊行のことば

　世界人口は現在65億人を超え，わずか100年で4倍にまで増加し，今も増え続けています。この間の経済成長は，日本を例にとると44倍にまで達しています。現代社会は約80万年の人類史上から見ると凄まじい成長を遂げており，その成長はグローバル化の進展と技術革新によって加速されています。

　膨張し続ける社会の人間活動によって世界の持続可能な発展が懸念されています。地球規模ではエネルギーの大量消費による地球環境問題や資源ナショナリズムが台頭し始めています。一方，国レベルでは都市化の進展によって交通渋滞，地震や洪水被害の拡大，水・環境汚染といった問題が発生しています。また，変化の速さがあまりにも速いために経済や技術の格差が社会にもたらされています。そういったひずみは世界各国にさまざまなリスクを生み出しています。グローバル経済による金融リスク，グローバル化した人や物の移動によるBSEや鳥インフルエンザなどの感染症リスク，情報化によるサイバーリスクなど人為的なリスクも広がっています。リスクの不確実性と影響の大きさは増大する傾向にあり，それぞれが複雑に絡み合っています。

　世界が持続可能な発展を遂げていくためには，地球規模かつ地域で直面しているさまざまなリスクを解決していくための処方箋を何枚も何枚もつくり，解決に向けて行動していかなければなりません。また，多様なリスクを科学的・工学的な方法により解明できる能力をもった研究者や技術者の養成も求められています。

　そういった社会のニーズに応えるために，筑波大学では2002年に全国の大学で初めてリスク工学専攻を設置しました。専攻の教育目標として，①リスク工学の解析と評価のための基礎理論と情報処理技術の習得，②現実のリスク問題

についての豊富な知識の習得，③リスク問題に対して広い視野と強いリーダーシップをもって問題設定から解決までの一連のプロセスを理解し，具体的な解決手段を考案・開発する能力育成，を掲げています．設立から6年が経ちカリキュラムも次第に充実してきており，これを機会に，本専攻で実施されている教育内容を本学以外の多くの学生や研究者にも役立たせたいと考えました．

　本シリーズ発行の目的は，社会のリスク問題を工学の立場から解決していくことに関心のある人々に役立つテキストを世に出すことです．本シリーズは全10巻から構成されています．1巻から4巻まではリスク問題を総論的に捉えており，リスク工学の勉強を登山に例えれば，1巻は「登山の楽しさ」，2巻は「どんな山があるのか」，3巻は「山に登るための道具」，そして4巻は「実際に登るときの道具の使い方」に対応しています．5巻から10巻までは各論として，「トータルリスクマネジメント」，「環境・エネルギーリスク」，「サイバーリスク」，「都市リスク」の四つの専門分野からリスク工学の基礎と応用を幅広く紹介しています．

　本シリーズは，大学生や大学院修士課程の学生はもとより，リスクに関心のある研究者や技術者，あるいは一般の人々にも興味をもっていただけるよう工夫した画期的なものです．このシリーズを通じて，読者がリスクに関する知識を深め，安全で安心した社会をどのように築いていけばよいかを考えていただければ幸いです．

2008年2月

リスク工学専攻長　内山　洋司

まえがき

　本書は，筆者が筑波大学に在籍していた12年の間に受け持った講義と国内外で行ってきた調査研究に基づいてまとめた「都市・建築と防災」に関する教科書である。「都市・建築と防災」といっても，従来の専門書とは異なる。

　一般的に都市防災という専門分野があるが，それはあまりにも対象範囲が広く，ややもすればあらゆる社会事象が都市防災の分野にくくられてしまう。というのは，われわれの前には日常の都市社会があり，一度災害が発生したときにその社会を別の側面から見たものが都市防災の領域としてみなされるからである。すなわち，日常の社会を細かく専門分化した結果が「医学」，「建築学」，「土木工学」，「社会学」，「経済学」などの各学術領域であるならば，社会を別の側面から見た都市防災の中にも「医学」，「建築学」，「土木工学」，「社会学」，「経済学」の領域が存在するはずである。そういう考えのもとで，本書は都市や建築の空間という視点から防災および都市リスク分野に焦点を当てて，都市・建築空間計画学の世界を再構築しようという試みでもある。

　都市・建築計画分野の重要な文献の一つとして，ジークフリード・ギーディオンの『空間・時間・建築』が挙げられる。当初，この大著と似通ったタイトルを本書につけることに気が引けたが，筆者の思いを明確に表すために『建築・空間・災害』とさせていただいた。

　本書は3部構成となっている。

　まず，導入部となる第1部「都市と災害」では，都市とは何か，そして都市と災害の関係について焦点を当てていく。1章「建築・空間・災害」では，人類の歴史の中で先人たちがどのように安心の思想を都市づくりに反映してきたか，あるいはどのように防衛のための都市・建築空間を築いてきたかについて俯瞰する。そして，2章「進化する災害と都市のリスク」では，都市リスクを

考える上での三つの要素，すなわちハザード，脆弱性（ぜいじゃく），露出度と，現代の都市を襲う脅威としての災害が都市の成長とともに進化してきたことを解説する。

本書の要（かなめ）として第2部「災害に対応した都市・建築空間」では，災害に対応した都市・建築空間について具体的な事例を紹介しながら，その体系を展開していく。まず，3章「日本の伝統的建築物群に見られる災害対応空間」では，災害大国であるわが国の各地でつくられてきた土着的あるいは伝統的な空間を紹介する。4章「災害に対応した都市・建築空間の考え方」では，災害に対応した都市・建築空間の世界をどのように考えるべきかを「災害対応の循環体系 (disaster life cycle)」という基本概念に基づいて述べる。5章「被害を抑止する都市・建築空間」，6章「緊急対応のための都市・建築空間」，7章「復旧と復興の都市・建築空間」では，災害管理の各局面である「被害抑止」，「被害軽減のための事前準備」，「災害時緊急対応」，そして「復旧と復興」において，これまでにどのような空間が生まれてきたのか，国内外の事例を用いて解説していく。第2部の最後の二つの章では，都市と復興に焦点を当てている。8章「都市と復興」では，都市形成の中で被災から復興までの過程がどのようにその後の都市のアイデンティティに影響を与えてきたのかを，八つの復興都市を対象として解説する。また，9章「都市の復興過程モニタリング」では，都市復興をモニタリングする意義について，「都市復興戦略策定のための比較研究」と「都市復興アーカイブズとしての記録の蓄積」の二つの視点から持論を述べる。

第3部「都市の未来を見据えて」では今後の都市に焦点を当てている。10章「21世紀の環境と都市」では，気候変動に関する政府間パネル (IPCC) による報告に基づいて，現在抱えている地球温暖化の問題を取り上げるとともに，今後われわれがしていかねばならないことについて述べ，総括する。

本書では，災害対応の都市・建築空間の事例と考え方を数多く紹介している。こうした事例が，これから都市防災を学ぼうとしている都市・建築計画系分野の学生や現場実務者らに，少しでもお役に立てば幸いである。

2013年7月

村尾 修

目　　　次

《第1部　都市と災害》

1.　建築・空間・災害

1.1　都市の風景から ……………………………………………………… *1*
1.2　建築と風土と災害 ……………………………………………………… *3*
1.3　空間と安全性 ……………………………………………………… *5*
1.4　都市の安寧と防衛 ……………………………………………………… *6*
　1.4.1　安心できる都市 ……………………………………………… *6*
　1.4.2　風水思想による都市の空間形成 ……………………………… *6*
　1.4.3　万里の長城 ……………………………………………………… *8*
　1.4.4　すべての道はローマに通ず ……………………………………… *9*
　1.4.5　城塞都市 ……………………………………………………… *11*

2.　進化する災害と都市のリスク

2.1　都市のリスク ……………………………………………………… *16*
　2.1.1　世界における都市リスクの分布 ……………………………… *16*
　2.1.2　都市リスクの要素 ……………………………………………… *19*
2.2　災害大国日本 ……………………………………………………… *21*
　2.2.1　日本の地勢 ……………………………………………………… *22*
　2.2.2　日本の風土と建築 ……………………………………………… *23*
　2.2.3　都市の人口と密度 ……………………………………………… *25*

2.3　都市・災害・都市防災 ………………………………………… *27*
　2.3.1　現代都市に対する脅威 ……………………………………… *27*
　2.3.2　「都市」とは何か …………………………………………… *28*
　2.3.3　「災害」とは何か …………………………………………… *29*
　2.3.4　進化する災害 ………………………………………………… *30*

《第2部　災害に対応した都市・建築空間》

3.　日本の伝統的建築物群に見られる災害対応空間

3.1　地域固有の災害と集落 ………………………………………… *34*
3.2　伝統的建築物群に見られる災害対応空間の情報収集と整理 … *35*
3.3　災害対応の都市・建築空間ボキャブラリー ………………… *39*
3.4　火災に対応した都市・建築空間 ……………………………… *41*
3.5　風害に対応した都市・建築空間 ……………………………… *43*
3.6　雪害に対応した都市・建築空間 ……………………………… *46*

4.　災害に対応した都市・建築空間の考え方

4.1　災害対応の循環体系 …………………………………………… *51*
　4.1.1　災害対応の循環体系の基本概念 …………………………… *51*
　4.1.2　災害対応の循環体系における四つの基本局面 …………… *53*
　4.1.3　災害対応の循環体系におけるその他の要素 ……………… *54*
4.2　災害に対応した都市・建築空間の体系 ……………………… *55*
4.3　災害の分類 ……………………………………………………… *57*
　4.3.1　災害の種類 …………………………………………………… *57*
　4.3.2　風・水・火・地による災害分類 …………………………… *58*
4.4　空間規模による分類 …………………………………………… *59*

5. 被害を抑止する都市・建築空間

- 5.1 災害と被害抑止 …………………………………………………… *61*
- 5.2 構造物による被害抑止のための空間 ………………………… *62*
  - 5.2.1 構造物による被害抑止 ……………………………………… *62*
  - 5.2.2 風害を抑止するための都市・建築空間 …………………… *64*
  - 5.2.3 水害を抑止するための都市・建築空間 …………………… *65*
  - 5.2.4 雪害を抑止するための都市・建築空間 …………………… *67*
  - 5.2.5 津波を抑止するための都市・建築空間 …………………… *68*
  - 5.2.6 延焼火災を抑止するための都市・建築空間 ……………… *70*
  - 5.2.7 火山土石流を抑止するための都市・建築空間 …………… *73*
- 5.3 土地利用規制による被害抑止のための空間 ………………… *74*
  - 5.3.1 土地利用規制による被害抑止 ……………………………… *74*
  - 5.3.2 活断層上の土地利用規制 …………………………………… *75*
  - 5.3.3 津波危険区域における土地利用規制 ……………………… *76*

6. 緊急対応のための都市・建築空間

- 6.1 被害軽減のための事前準備 …………………………………… *82*
- 6.2 災害時緊急対応の局面 ………………………………………… *84*
- 6.3 緊急避難と収容避難 …………………………………………… *85*
- 6.4 緊急避難のための都市・建築空間 …………………………… *86*
  - 6.4.1 火災発生時の緊急避難に応じた都市・建築空間 ………… *86*
  - 6.4.2 地震発生時の緊急避難に応じた都市・建築空間 ………… *87*
  - 6.4.3 津波発生時の緊急避難に応じた都市・建築空間 ………… *88*
  - 6.4.4 風水害発生時の緊急避難に応じた都市・建築空間 ……… *93*
  - 6.4.5 火山災害発生時の緊急避難に応じた都市・建築空間 …… *94*

6.5 収容避難のための都市・建築空間 …………………………………… 95

7. 復旧と復興の都市・建築空間

7.1 復旧と復興 ………………………………………………………… 98
 7.1.1 復旧と復興の定義 ……………………………………………… 98
 7.1.2 明治三陸大津波（1896年）と昭和三陸大津波（1933年） ……… 99
7.2 復旧・復興のための空間 …………………………………………… 101
 7.2.1 復旧から復興までの過程 ……………………………………… 101
 7.2.2 応急仮設住宅 …………………………………………………… 101
 7.2.3 仮設市街地 ……………………………………………………… 104
 7.2.4 恒久住宅（復興住宅） ………………………………………… 105
 7.2.5 復興公園 ………………………………………………………… 109
 7.2.6 復興メモリアルとモニュメント ……………………………… 110
 7.2.7 防災教育・啓発施設 …………………………………………… 113

8. 都市と復興

8.1 都市史における被災と復興の意義 ………………………………… 115
 8.1.1 そして復興から日常へ ………………………………………… 115
 8.1.2 都市史の変曲点としての被災と復興 ………………………… 116
8.2 復興都市 …………………………………………………………… 117
 8.2.1 ロンドン（英国） ……………………………………………… 117
 8.2.2 リスボン（ポルトガル） ……………………………………… 119
 8.2.3 シカゴ（米国） ………………………………………………… 121
 8.2.4 シアトル（米国） ……………………………………………… 123
 8.2.5 ワルシャワ（ポーランド） …………………………………… 125
 8.2.6 ヒロ（米国） …………………………………………………… 126

8.2.7 集　集（台湾）……………………………………………… *128*
8.2.8 ハンバントタ（スリランカ）…………………………… *131*

9. 都市の復興過程モニタリング

9.1 都市復興過程モニタリングの二つの視点 ……………………………… *134*
9.2 都市復興戦略策定のための比較研究……………………………………… *136*
 9.2.1 都市の復興を比較する難しさ ……………………………… *136*
 9.2.2 都市の復興過程を読み解く七つの要素 …………………… *138*
 9.2.3 被災・復旧・復興過程の単純化 …………………………… *140*
 9.2.4 空間規模による復興の研究対象 …………………………… *141*
 9.2.5 客観的指標としての都市復興曲線 ………………………… *142*
 9.2.6 1999年台湾集集地震後の復興曲線 ………………………… *143*
 9.2.7 2004年インド洋津波後の建物復興曲線の比較 …………… *144*
9.3 都市復興アーカイブズとしての記録の蓄積 …………………………… *147*
 9.3.1 集集における復興の定点観測 ……………………………… *147*
 9.3.2 高度情報化社会における記録媒体と都市………………… *148*

《第3部　都市の未来を見据えて》

10. 21世紀の環境と都市

10.1 地球温暖化の現状……………………………………………………… *153*
10.2 21世紀の気候変動による地域・都市への影響 ……………………… *154*
 10.2.1 21世紀末における気候変動の予測 ………………………… *154*
 10.2.2 世界各地における近年の異常気象と IPCC により予測される影響
  ……………………………………………………………………… *155*
 10.2.3 将来的な都市リスクを低減するための対策 ……………… *160*

10.3 そして未来の都市へ………………………………………… *162*

おわりに

引用・参考文献 …………………………………………………… *167*
索　　引 …………………………………………………………… *173*

《第1部　都市と災害》

1 建築・空間・災害

1.1 都市の風景から

　まず，以下の3枚の写真を見ていただきたい。**図1.1**は東京スカイツリーの出現に伴って新たな風景が創出された吾妻橋，**図1.2**は首都高速6号向島線を都心に向かう際に左側に目にする白鬚東地区の都営アパートの壁，そして**図1.3**は表参道の名所である表参道ヒルズ界隈である。いずれも現代の東京の風景として，人々に愛され，親しまれている場所である。

　「災害」と「都市・建築のデザイン」，一見無関係に見える二つのキーワードだが，両者の間には時として切り離し難い関係が見られることがある。普段，何気なく目にしている図1.1～図1.3の風景も，実は東京で発生した災害後の復興あるいは災害対策と深く関連している。

図1.1　隅田公園と吾妻橋
（東京都）

図1.2　都営白鬚東アパート群
（東京都）

2　1. 建築・空間・災害

図 1.3 表参道ヒルズ
（東京都）

　大正時代，吾妻橋（図 1.1）など隅田川に架かる橋梁は木造であった。1923 年の関東地震の際の揺れにより崩壊し，火災から逃れようとする住民の避難を困難なものにした。それらの橋梁は，震災後の帝都復興計画の中で，先端的土木技術を用いた強靭な構造と個性的かつ美的な要素を持つ景観資源として再建されたのである。また同計画の中で，再び東京で発生するかもしれない延焼火災を防ぐために，都内に 3 か所の大公園が設置された。そのうちの一つがいまでは花見の名所となった隅田公園であり，わが国初のリバーサイドパークとなった。

　都営白鬚東アパート群（図 1.2）は，1970 年代に進められた白鬚東地区第一種市街地再開発事業の中で地区の防災拠点として生まれたものである。関東地震では，江東デルタ地帯と呼ばれる荒川と隅田川に挟まれた地区の南側の多くが壊滅した。焼け残った北側は，江戸時代に形成された狭隘道路と木造建築が密集する地域であり，明治以降も区画整理の必要性が叫ばれていたが，思うようにことが運ばずに，地震による建物倒壊や火災延焼の危険性が高い地区として残されてしまっていた。しかしその後の高度経済成長の波に乗り，地区の延焼火災を防ぎ，避難をする場として，1980 年頃にこの高層アパート群が出現したのである。

　最後に表参道ヒルズ（図 1.3）だが，これも帝都復興計画と関係がある。表参道ヒルズは 2006 年に開業し，都内でも有数の洗練された場としていつもに

ぎわっているが，以前この地には同潤会青山アパートがあった。同潤会アパートは帝都復興計画の中に位置づけられ，人々に質の高い近代的な生活を供給するために建設された鉄筋コンクリート造建築である。この地に建設された青山アパートはやがて表参道の顔となり，周辺住民および観光客に長い間親しまれてきたのだが，老朽化が進んだため2003年に取り壊され，現在の表参道ヒルズへと建て替えられた。表参道ヒルズには，当時の面影を残すべく復元された同潤会アパートの空間も組み込まれている。

　本節では都内の三つの事例を取り上げ，「災害」と「都市・建築のデザイン」の関係について触れてきたが，もう少し掘り下げて「災害」と「都市・建築のデザイン」，および「安全・安心」と「空間」の関係について述べていきたい。

1.2　建築と風土と災害

　世界中の地域には固有の風土がある。古来，それぞれの気候や地勢に応じた材料が調達され，個々の建築物あるいは構造物となり，それらが集まって地域固有の集落形態を生み出すことも少なくなかった。ルドフスキー（B. Rudofsky）は著書『建築家なしの建築（Architecture without Architects）』[1]† の中で，そのような地域固有のデザインを「風土的（vernacular），無名の（anonymous），自然発生的（spontaneous），土着的（indigenous），田園的（rural）」と表現している。例えば，日本のように雨が多く，湿度が高く，木々が生い茂る地域では，建築材料として木材が選ばれ，架構形式の開放性の高い住宅が造られてきた（図1.4）。また，エーゲ海に浮かぶサントリーニ島やミコノス島などの石灰を用いた白い建物群も有名である（図1.5）。これらの地域では雨が少なく，わずかな雨水を建築物等で濾過して地中に溜め，生活水として利用するために，外壁材として石灰が使われていたのである。

　地域固有の風土は当該地域の災害にも影響を与える。地震の発生は地球上の

---

†　肩付き数字は，巻末の引用・参考文献番号を表す。

4   1. 建築・空間・災害

図1.4　土浦まちかど蔵「大徳」の縁側
（茨城県）

図1.5　ミコノス島の白い街並
（ギリシャ）

プレートや活断層の位置と関係があり，その地球物理的な要素は地域の地勢にも影響を与えている。また，気象に関する環境要素は，各地で台風，サイクロン，ハリケーンなどをもたらし，地域の地形的な要素と絡みながら，地域に応じた風水害を引き起こす。古来，こうした気候風土と密接に関係している災害から身を守り，住まうことは，地域必須の課題であった。そのため，地域固有の災害に対応した空間システムが各地で築かれていき，それが群としてのまとまりを見せ，生活に根ざした特徴的な空間を生み出すこともあった。例えば，白川郷（**図1.6**）などに代表される合掌造りの集落も，雪害に対応するために生まれた空間である。また，アジアなどでよく見られる高床式住宅も，洪水による浸水を防ぐための空間である。

図1.6　白川郷の合掌造り（岐阜県）

このように，建築と風土，風土と災害，災害と建築はそれぞれ密接に関係しており，災害に対応した土着的な空間は，世界の各地で見られる。

1.3 空間と安全性

1.2節では，建築と風土と災害の関係について述べたが，ここではまた別の視点で，都市・建築空間と安全性について述べてみたい。

最古の建築書として知られる『ウィトルーウィウス建築書 (Vitruvius De Architectura)』[2] には，住宅を造る際に「強さと用と美の理が保たれるようになさるべきである」とある。この「強」，「用」，「美」は，それぞれ「安全性」，「機能性」，「芸術性」と言い換えられよう。「建物を安全に造る」，「外力に耐えられるように強く造る」ということはローマ時代にも建築設計の基本であった。

つぎに，都市に目を向けてみよう。1961年に公表された**世界保健機構**（World Health Organization, WHO）の住居衛生委員会第1回報告書には，「人間らしい生活を営むための環境の目標」として，以下の4項目が挙げられている[3]。

- **安全性**（safety）　　生命・財産が災害から安全に守られていること。
- **保健性**（health）　　肉体的・精神的健康が守られていること。
- **利便性**（convenience）　　生活の利便性が経済的に確保されていること。
- **快適性**（amenity）　　美しさ，レクリエーションなどが十分に確保されていること。

ここで「安全性」は第一に挙げられており，人間生活を営む都市の中で不可欠な要素であることが示されている。今日，自然災害を受けやすいわが国において，都市を災害から守る「都市防災」について議論することは決して珍しいことではない。しかしながら，災害に対応することだけが「都市を守る」ことではなく，敵からの攻撃に対応すること，すなわち「都市を護る」ことも歴史的には都市の重要な機能の一つであった。

1.4 都市の安寧と防衛

1.4.1 安心できる都市

　古代最古の文明発祥地であるメソポタミアでは，前3000年頃に都市文明が興ったとされている。以来，エジプト，インド，中国へと都市文化が伝播していった。かつてまだ世界がいまほど小さくなかった時代，人々が集って住まう場所では，同じ言語を話し，同じものを食べ，同じ価値観，同じ宗教観，同じ世界観を持った人々の存在は，安心を与える重要な要素であったはずである。この社会の安寧を奪うものが，あるときは自然災害であり，あるときは遠方からやって来た言葉の通じない侵略者であった。古代ギリシャにおいて，この「訳のわからない言葉を話す者たち（非ギリシャ人）」はバルバロイ（barbaroi）と呼ばれ，後の「barbarian（野蛮人）」の語源ともなっていった。

　先人たちは，古代から現代に至る世界中の各地で，心の平穏を得るために，そして時には敵の来襲を防ぐために，都市・建築空間に対する工夫を施してきた。ここでは，都市もしくは建築空間が都市の防衛とどのようにかかわってきたのかを，いくつかの事例を取り上げながら，歴史的な変遷の中で示していきたい。

1.4.2 風水思想による都市の空間形成[4]

　古代中国では天球の東西南北を，「東宮」の青龍，「西宮」の白虎，「南宮」の朱雀，「北宮」の玄武の四つの神に見立てていた。また，大地には龍脈が走り，それが隆起して山々を形成すると考えられていた。龍脈とは，崑崙山から発せられる気の経路であり，大地の表面を起伏しながら連なって走る山脈である。また陰陽の思想では，軽く澄んだ陽気は上に昇って天となり，重く濁った陰気が下に降りて凝結したものが静なる大地であり，流動する状態となったものが川であった。

　天・地・人の三者の調和を目指した風水の思想では，この天球の位置が地に

1.4 都市の安寧と防衛

も反映され，その間に理想としての都市空間が形成されていくと考えられていた。そして，そのような場所こそが，風水害を避け，生産性の高い環境を生み出す場であるとされていた。

風水思想において理想的な地形とは，「気」が風により逃げないように山に囲まれ，「気」が水により隔てられて止まるように川がある地であった。これを「蔵風納水」という。

地形の構造（**図1.7**）としては，縦軸に北の最も高い山から南に開けた山となる「主山（しゅざん）—坐山（ざざん）—案山（あんざん）—朝山（ちょうざん）」という山列を成し，東西軸には左右対称の山があり，景観のバランスのとれたものを良しとしていた。この東西南北の山を四神（ししん），すなわち「青龍」，「白虎」，「朱雀」，「玄武」に見立て，その中心に都市を形成したのである。四方を囲われた古代の都城（とじょう）の空間は，風水の思想を具体化しただけでなく，外部の敵から都城を防衛するという意味でも有効であった。

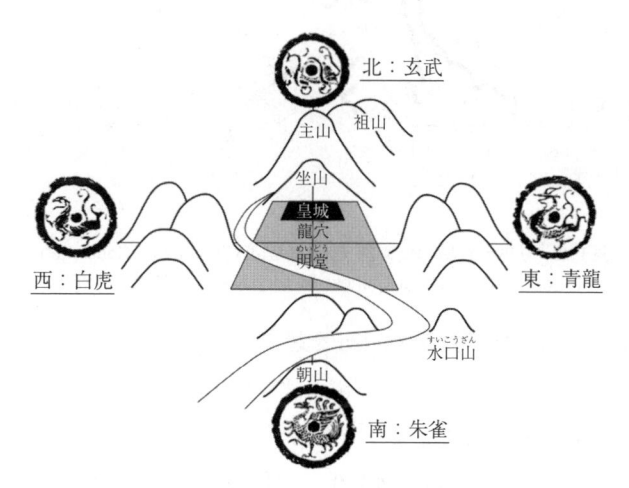

図1.7 風水の地形構造

こうして生まれた古代都城の空間は，長安，洛陽，南京，北京はもとより，台湾，朝鮮半島へと伝播し，やがてわが国の藤原京，平城京，長岡京，平安京などの都市にも影響を与えることとなった。

1.4.3 万里の長城

人類史上最大の建造物とされる万里の長城（図1.8）は，中国戦国時代から明の時代にかけて築かれた．もとは戦国時代の燕・趙・秦がそれぞれ匈奴からの攻撃を防ぐために建設したが，秦の始皇帝の時代になると大幅な修復が施され，連続した長城へと変貌した．現存する長城の人工壁部分の総延長は6259.6 kmであるが，過去の各時代に築かれていた壁の総延長は21 196 kmに及ぶ（中華人民共和国国家文物局）．

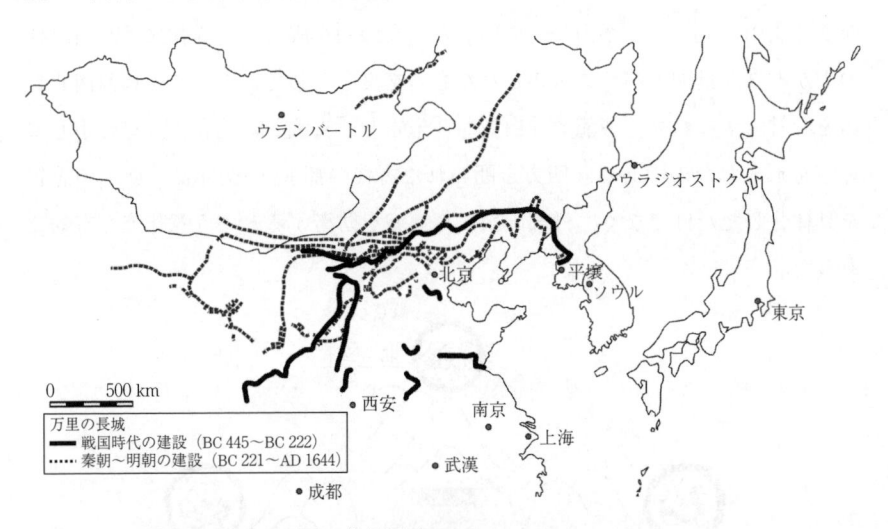

図1.8 万里の長城の位置図（Great Wall China map : Construction of sections throughout Chinese history に基づいて著者が加工）

尾島[5]によれば，総延長6 000 kmを超える防御のための城壁のほかに，烽堠（烽火，墩堠，狼煙，煙堠）や亭障と呼ばれる通信設備も完備され，また塔屋は十余人の戦士の野営所となり，風雨や氷雪からの避難所として利用された．長城の各所には空心敵台（図1.9）と呼ばれる見張り所がある．

現在，世界遺産となっているこの万里の長城は都市空間の規模を超え，国土規模のスケールで展開されるランドスケープを形成している．この壮大な空間デザインはかつて都市を護るという目的により計画され，ケビン・リンチ[†]の言葉を借りれば，ある領域にとってのエッジを形成した．その名残が名所とし

図1.9 万里の長城の空心敵台（中国）

ていまも残っているのである。

1.4.4 すべての道はローマに通ず

「すべての道はローマに通ず（All roads lead to Rome.）」という表現がある。「あらゆることは一つの真理から発している」，あるいは「どのような経路をたどっても，必ず真理に行き着く」こととして使われている。この慣用句は，古代ローマ帝国の全盛期に，世界各地の道がローマの中心部につながっていたことに由来している。

ローマ帝国は，紀元前8世紀に都市国家として形成された王政ローマに起源を持つ。都市国家ローマは紀元前272年までにイタリア半島の各都市国家を支配し，さらに地中海にも覇権を伸ばし，帝国へと発展していった。そして，ローマ帝国が最大となったのはトラヤヌス治世下の117年である（**図1.10**）。

紀元前312年，軍隊の迅速な移動を目的として，ローマと南部の都市カプアを結ぶアッピア街道が建設された。その後，ローマの中心部と各主要都市をつなぐ道路ネットワークが築かれていったが，こうした道路を**ローマ街道**（Roman roads）と呼ぶ。帝国の領土が広がるにつれ，各都市をつなぐローマ街

---

† （前ページの注）ケビン・リンチ（Kevin Lynch, 1918-1984）は，『都市のイメージ（The Image of the City）』[6]の中で，都市のイメージを決める要素としてパス（道），エッジ（縁），ディストリクト（地域），ノード（結節点），ランドマーク（目印）の五つを挙げた。

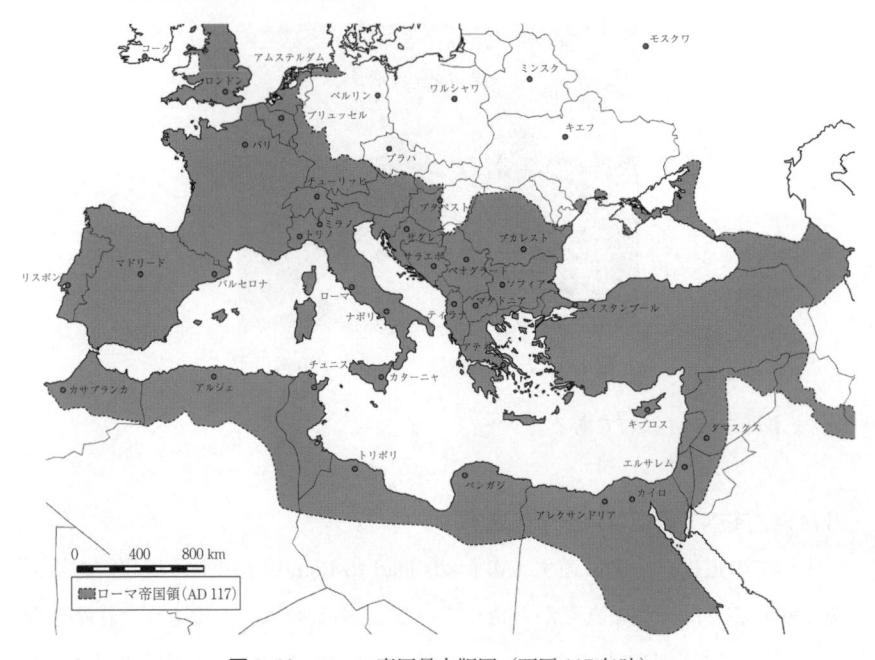

図 1.10 ローマ帝国最大版図（西暦 117 年時）

道も増え，巨大な道路インフラのネットワークが生まれた．ローマ街道のネットワークは，ローマとは異なる文化を持つ属国を支配するための統治システムとして機能した．

ローマ帝国は各都市の中心部に軍事上の拠点を置いた．そこを**ローマンウォール**（Roman wall）と呼ばれる城壁で囲い，完全に整備されたローマ街道を通じて，ローマと属国の軍事拠点を結びつけることにより，軍事上の防衛空間ネットワークを築いた．ローマ街道とローマンウォールにより防御された空間は，5 500 000 km^2 に及ぶ領土を治める上で重要な役割を果たしていたといえる．

このローマンウォールは，都市防御の壁として機能したという意味において，万里の長城と同じ部類に入るかもしれない．しかし，万里の長城が都市のエッジあるいは線形ネットワークを築いたのに対して，ローマ街道とローマンウォールは，面的な広がりを持つローマ帝国における，より能動的な防衛のた

めの都市基盤として機能したのである。

21世紀を迎えた現在，ローマ街道とローマンウォールはローマ帝国時代を刻む空間システムの名残として，いまもヨーロッパ各地に遺されている。

1.4.5 城塞都市

古代中国では数千kmにわたる防御の壁が，そして古代ローマ帝国では都市防衛のための道路基盤と拠点を護る壁が整備され，都市の安全性確保のための重要な仕掛けとなった。これらは中国の歴代王朝およびローマ帝国という広域にわたる統治国家防衛のための空間システムとして機能していたが，護るべき領域の規模が小さくなると，より一層防衛的な空間の機能が明確になってくる。

中国や日本では古来，環濠集落と呼ばれる水堀や空堀により囲われた集落があった（図1.11）。環濠は，洪水の防止，排水，灌漑，水運の機能を有した空間であるが，もともとは防衛のために造られたものと考えられている。

図1.11 大和郡山市稗田の環濠集落
（出展：国土画像情報，国土交通省）

ヨーロッパでは中世になると，各地で堀や長くて高い城壁により護られた城塞都市も出現し，時代とともに発展していくことになる。初期の城塞は，自然の地形を利用したもので，敵の侵入が困難な場所に置かれ，城自体には敵の侵入や攻撃を防ぐための装置が施されていた。日本の城には「石落し」や「狭間」と呼ばれる建築機能があり（図1.12），侵入者を防ぐために石を落とした

12　　1．建築・空間・災害

図 1.12　松江城の石落しと狭間
（島根県）

図 1.13　ムーアの城跡の狭間
（ポルトガル）

り，矢を放ったりするために用いられていた。西洋の城でも同じような仕組みがあった（**図 1.13**）。

こうした城の防衛機能は，騎士に乗った兵が剣と盾を持って闘う時代に即したものであったが，ルネサンスに入って火薬や大砲が用いられるようになると，防衛拠点と敵の間に一定の距離が必要となってきた。こうして都市の外周が城壁によって囲われた城郭都市が形成されていった。そして，要塞の平面形態による死角空間の有無は，その防衛機能を左右した（**図 1.14**）。死角空間が

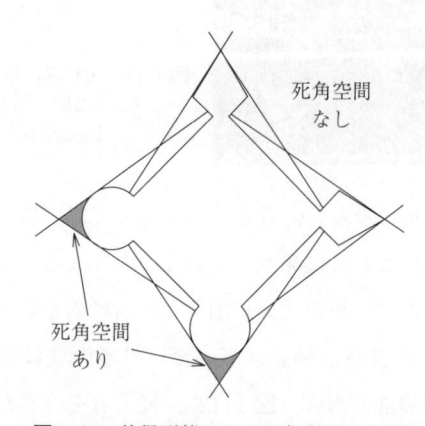

図 1.14　稜堡形態による死角空間の有無

1.4 都市の安寧と防衛

少なくなるように計画された築城方式を稜堡または星形要塞という。その平面形態は，初期の円形堡式（図 1.15）から，死角を少なくするための稜堡式（図 1.16，図 1.17）へとしだいに進化していった。日本でも，江戸時代末期に函館の五稜郭（図 1.18）などが建設されている。

さらに，大砲の威力が増すと大砲が届かないよう都市とその周辺部の間に一

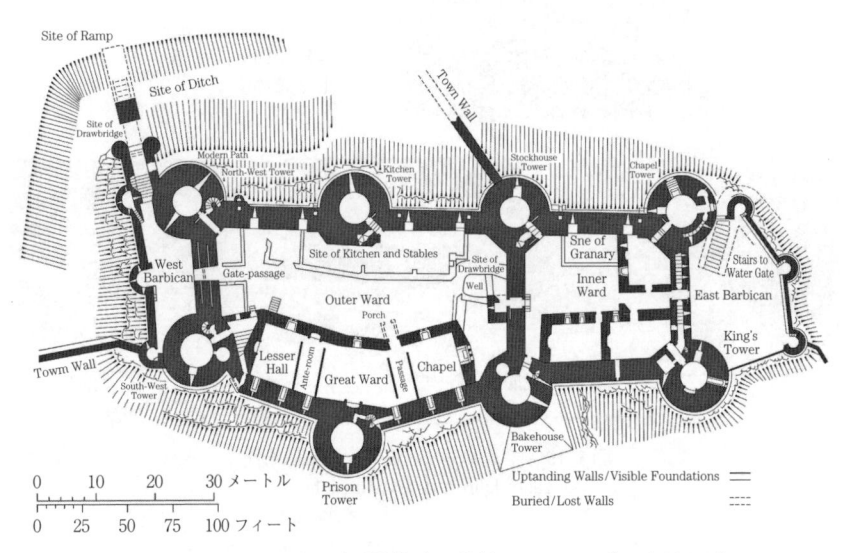

図 1.15 コンウィ城の平面形態（13 世紀，ウェールズ，イギリス）
（© Crown copyright 2012）

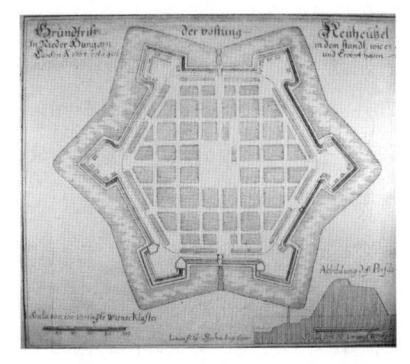

図 1.16 ノヴェーザームキの城塞都市案
（1663 年，ニトラ，スロバキア）

図 1.17 レアルフェリペ要塞
（1866 年，カヤオ，ペルー）

図 1.18　五稜郭（北海道）
（出展：国土画像情報，国土交通省）

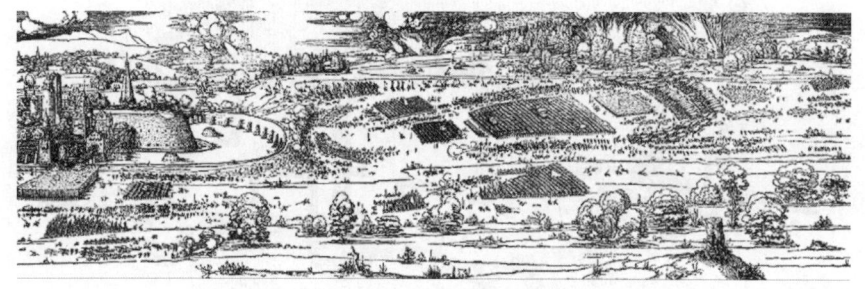

図 1.19　デューラーの描いた都市防衛図
（Albrecht Dürer, Befestigunsleher）

定の距離が必要となってきた．その時代の戦争と空間のあり方は，デューラーの都市防衛図（**図 1.19**）に見ることができる．やがてその距離は数 km 程になり，都市と郊外の間には緩衝地帯としてのグリーンベルト等が設けられるようになった．東京でも 1937（昭和 12）年に防空法が制定され，都市防衛のための防空空地と空地帯が計画された（**図 1.20**）．皇居を中心とした半径 5 km，10 km，15 km の同心円上に環状空地帯を設け，それらを放射状の空地帯でつなぐというものである．その防空緑地帯の名残は世田谷区の都立砧公園に見ることができる．砧公園のように現代の東京にとって重要な緑地帯も，巨視的に見ると都市を護る空間システムの一部として計画されていたのである．

以上，都市および建築の空間を，災害復興，風土と災害，安全性，防衛という観点から概観してみた．都市・建築空間の計画とデザインが，歴史的に，あ

1.4 都市の安寧と防衛

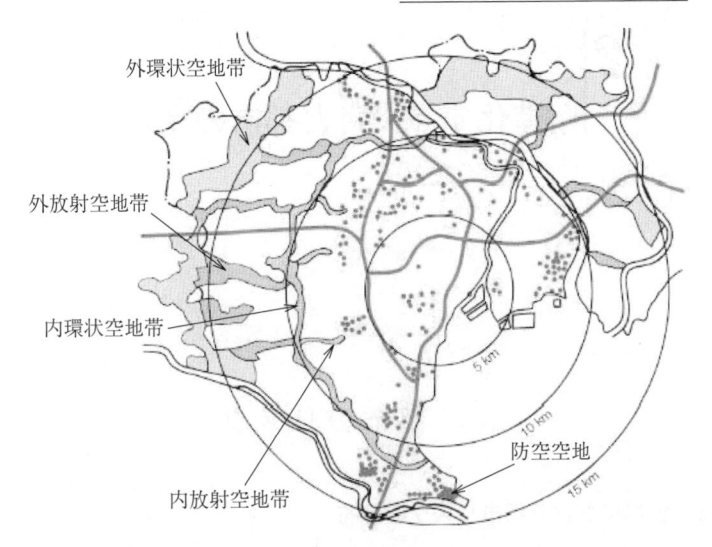

図 1.20 防空都市計画
（東京防空空地および空地帯
計画[7] に基づいて作成）

るいは世界中で，安全や安心と密接にかかわってきたことが見てとれたことと思う。

1945年に第二次世界大戦が終結し，それ以降わが国では戦争がない。では，都市を襲う脅威がなくなったのかというと，そうではない。21世紀に入った現代においても，依然として都市は自然災害という脅威に見舞われている。次章では，都市，災害，および都市防災について述べていく。

2 進化する災害と都市のリスク

2.1 都市のリスク

2.1.1 世界における都市リスクの分布

図 2.1 は 2003 年にミュンヘン再保険会社[1]が公開した世界における巨大都市のリスク分布である。これによると、都市リスクの最も高い都市は東京・横浜の首都圏、そしてサンフランシスコ、ロサンゼルスと続き、4 番目に大阪・神戸・京都のある関西圏となっている。さらにマイアミ、ニューヨーク、香港、マニラ・ケソンと続く。ここでは 50 の巨大都市が挙げられているが、そのうちの上位 6 位までが日本と米国の都市で占められている。その理由は何であろうか。

この調査では、都市のリスクを**ハザード** (hazard)、**脆弱性**(ぜいじゃく) (vulnerability)、**露出度** (exposed value) の積で評価している。それぞれの定量的な算出方法についての詳細は割愛するが、保険会社ということもあり、過去の災害による年間損失量などが組み込まれている。図 2.2 はこれら都市リスクの要素、すなわちハザード、脆弱性、露出度を積み重ねて、都市ごとに並べてみたものである。上位に位置づけられている都市は、三つの要素のバランスがとれており、それらの積である都市リスクの量が高くなっている。一方、いずれかの量が 1 よりも低いと、その他の量が高くてもそれらの積は小さくなり、都市リスクとしての総量が小さくなってしまう。

ここに挙げた三つの要素の定量的評価方法はその目的によりさまざまであ

2.1 都市のリスク　17

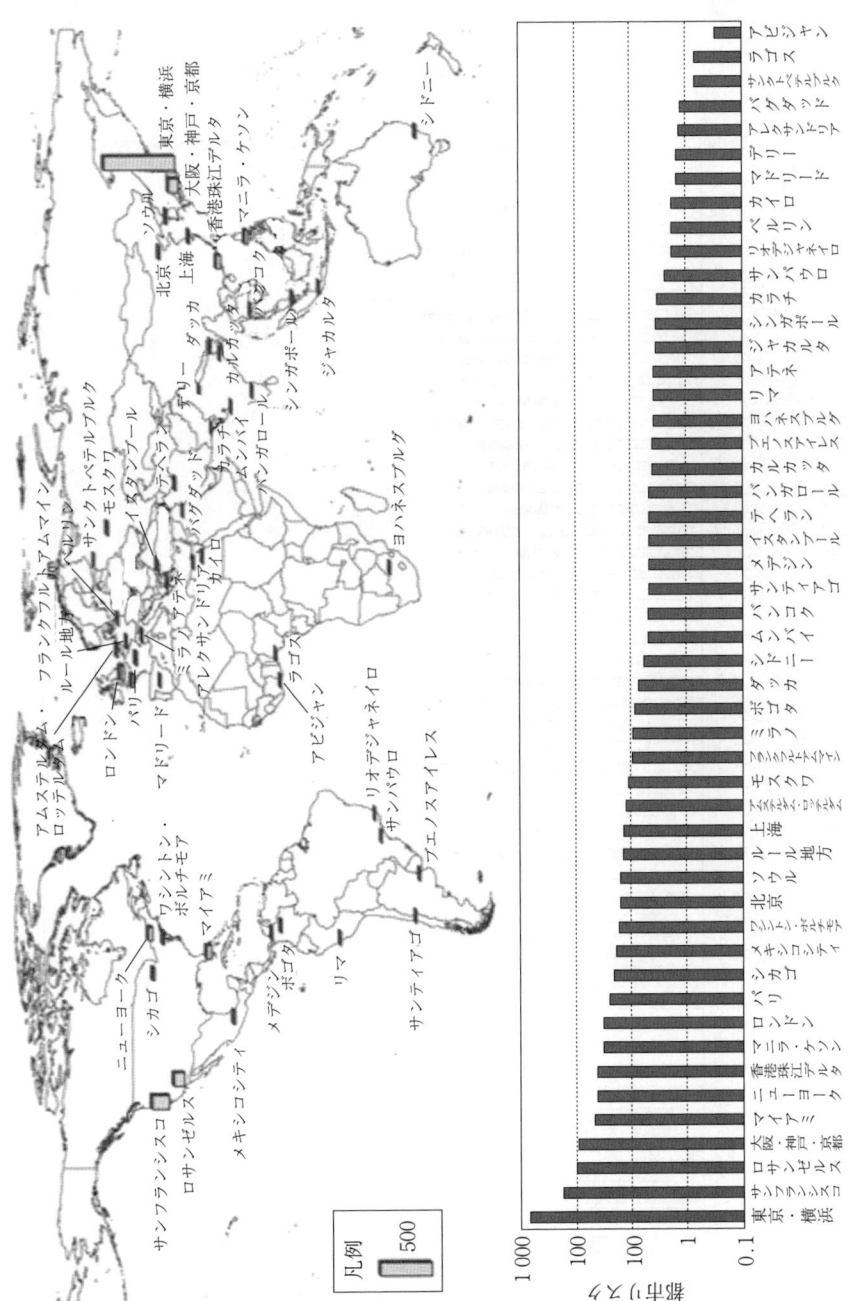

図 2.1　世界における都市リスクの分布（文献 1）に基づいて作成）

18　2. 進化する災害と都市のリスク

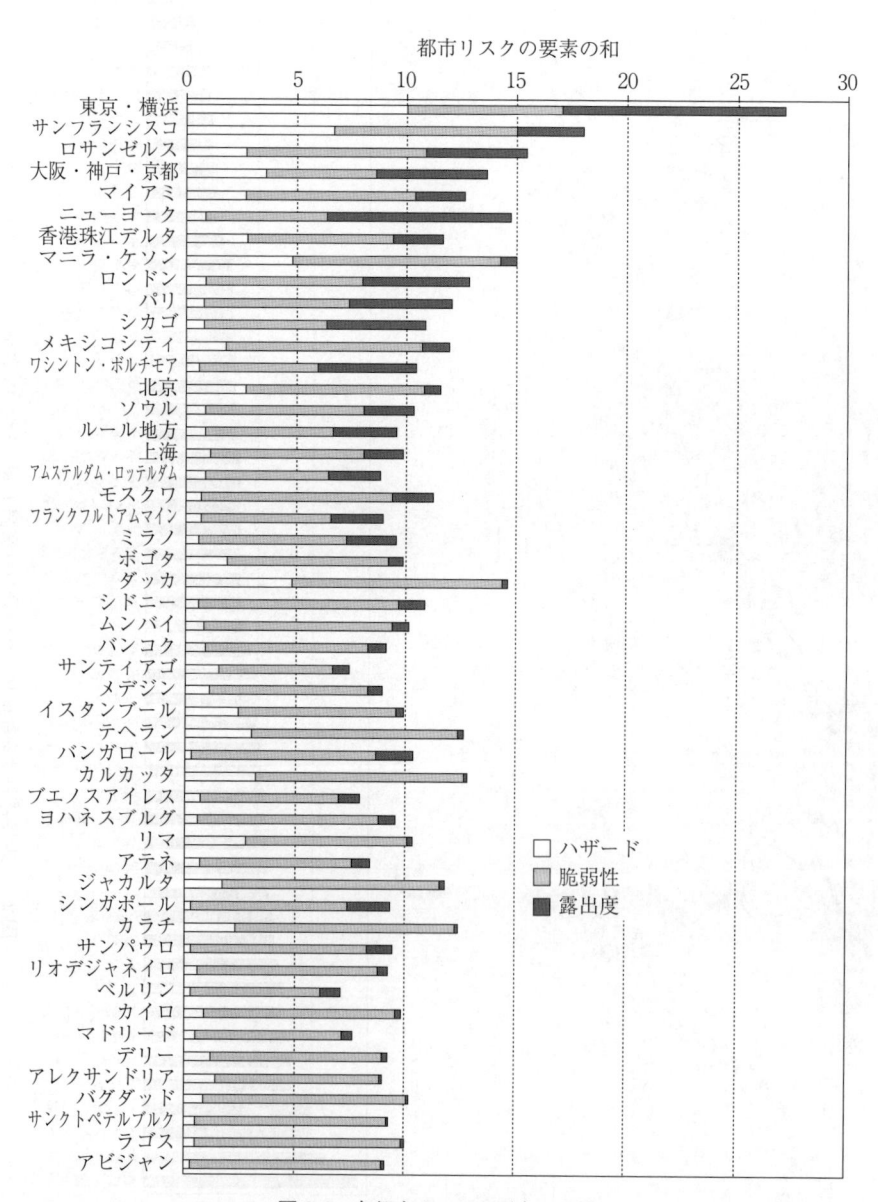

図 2.2　各都市のリスク要素の比較

り，この都市リスクの評価結果が必ずしも唯一の解を示しているわけではない．とはいえ，世界中の都市リスクについて定量的に評価し，比較したことは非常に興味深い．

2.1.2 都市リスクの要素

一般的に，リスクとは「ある事象における損失の確率，または損失の期待値」を表す概念である．しかしながら，リスクの普遍的な定義づけは難しく，それぞれの分野や目的に応じて使い分けることになる．

都市リスクを考える場合，地震や台風など災害を誘導する外的要因と，木造密集市街地など被害を拡大させる都市の内的要因を考慮する必要がある．また，災害の深刻度は被害を受ける空間的規模や時間の長さとも関係している．地震が人口数百万人の都市を直撃すれば，十数年間にわたって国全体の社会活動にも影響を与えるであろうし，一方，地震が無人島を襲って土砂崩壊などが発生したとしても人的被害は発生しない．都市リスクの世界では，これら三つの要素をハザード，脆弱性，露出度と使い分けて考えることがある．

• **ハザード**　　加害要因としての個々の自然現象，あるいはそれらの総体のことである．地震，台風，火山の噴火，豪雨など，危険を引き起こし，都市に被害をもたらす潜在的な外的要因となる．これらは地球活動もしくは気象現象の一部であり，それ自体の意思により人間社会に災害をもたらしているわけではない．このハザードという中立的な外力が人間の住む社会に作用する際に，受け入れ側である社会の許容量を超えると，都市は被害を受けることになる．

• **脆弱性**　　都市における有形無形の要素の脆弱さ（災害の受けやすさ）を示す指標である．例えば，都市空間を構成する重要な要素の一つとして建築物がある．ある地震動を受けた際の建築物一棟一棟の壊れやすさなどがこれにあたる．さらに空間規模を町丁目単位に広げると，被害想定に利用される建物全壊率などとしても表される．このほかにも，一棟一棟の出火危険性，町としての延焼危険性，道路閉塞による緊急時対応活動の脆弱性，地盤の種類による液状化のしやすさや揺れやすさなど，都市の脆弱性を示す指標はいろいろと考え

られる。

- **露出度**　ハザードにさらされる露出の程度を表す。影響を受ける対象の数，対象規模の大きさ，または影響を受け続ける時間的長さを示す指標である。例えば，脆弱性が同程度で人口の異なる二つの地域に同規模の地震が発生した場合，人口の大きな地域のほうが，小さな地域よりも人的被害は大きくなる。したがって，人口規模は露出度を示す一つの指標になる。また，人口規模は単なる人口の絶対値のみならず，その密集具合を示す人口密度も露出度の指標として重要である。時間の観点から見ていくと，例えば被害をもたらす規模の台風が高速度で都市の上空を通過する場合と，ゆっくり進む場合とでは，都市が台風という外力にさらされている時間が異なるため，被害の出方が変わってくる。すなわち，ハザードにさらされている時間が長いときのほうが，短いときよりも，被害が大きくなる。この違いは，時間的な視点から見た露出度の違いによるものである。

こうした考え方によると，都市リスク（urban risk）は以下のように定義づけることができる。

$$都市リスク = ハザード \times 脆弱性 \times 露出度 \qquad (2.1)$$

この式は，都市のリスクが，ハザード（外的な要因の発生する確率）と脆弱性（都市の物的環境もしくは人的活動のハザードに対する弱さ）と露出度（リスクにさらされている対象の大きさもしくは時間）の積で表されることを示している。各要素の意味合いや定量化の過程は，その目的に応じて多様であるが，2.1.1項で述べたミュンヘン再保険会社の都市リスクの算定もこれに則っている。ただし，その取り扱いには注意すべき点がある。

いま，某地区における地震による建物倒壊リスクを考えたとする。例えば，文部科学省の地震調査研究推進本部による「今後30年間に震度6弱以上の地震に見舞われる確率」[2]などが，その地区のハザードの指標として考えられる。そして，「その地区に立地する建物がどの程度の確率で全壊するか」という建物の脆弱性も建物被害関数を用いることにより算定できる。しかしながら，こ

こで何を目的としてリスクを算出するのかが問われてくる。

例えばここで，この周辺での居住を考え，一戸建て住宅の購入を検討している一市民Aさんの立場を考えてみよう。Aさんにとって重要なのは，地震が発生した場合に居住している建物が被害を受けるか否かということである。その建物が地震の際に大きな被害を受けてしまうのであれば，それは固定資産としての購入建築物の損失，家財の損失などを意味し，さらには家族に対する人的被害をも意味する。すなわち，Aさんにとっての都市リスクは，地震発生確率としてのハザードと建築物の脆弱性により表されることになる。

一方，自治体の立場としてはどのように考えるべきであろうか。自治体には，管轄地区全体を見渡し，想定される町の被害について対策を講じる責任がある。そのために，想定される地震による建物被害の程度を見積もっておかなくてはならない。建物被害はそれ自体の被害のみならず，人的被害，道路閉塞，延焼火災などにも発展し，さらには緊急対応時活動に対する支障，避難者数の増加，必要物資の増加，処理すべき瓦礫(がれき)量の増加などにも影響を与えるからである。したがって，自治体が地区全体の防災対策を検討する際には，その地区にどれだけの建物が地震によるリスクにさらされているのかを把握する必要がある。それを示す指標が露出度である。すなわち，自治体の立場として都市リスクを考える際には，地震発生確率としてのハザードと建物の脆弱性に加え，露出度も考慮しておかなくてはならない。

ここで見てきたとおり，立場の違いにより，あるいはその目的の違いにより，露出度の取り扱いは異なる。しかしながら，Aさんのように地区全体の露出度を考慮しなくてよい場合でも，その値を1としてしまえば，式 (2.1) を都市リスクの汎用的な定義として用いることが可能である。

2.2 災害大国日本

2.1.1項で示したとおり，日本の首都圏と関西圏の都市リスクは世界の中でも著しく高い。図2.2には，日本の都市におけるハザード，脆弱性，露出度の

各要素があるバランスをもって高いことが示されている。本節では，日本の都市のリスクがなぜこうも高いのかを説明していきたい。

2.2.1 日本の地勢

まずはわが国におけるハザードについて述べる。

日本は世界の中で最も災害の多い国の一つであり，地震大国としても知られている。地震は地下の岩盤にたまったエネルギーが突然放出されることにより発生する現象であるが，地球の表面を覆っているプレートの内部ではそのエネルギーが蓄積されるため，その境界線上で地震が多く発生する。日本列島は太平洋プレート，北アメリカプレート，フィリピン海プレート，そしてユーラシアプレートの四つのプレートの境界線上に位置しており，そのため非常に地震の頻度が高い(**図2.3**)[3]。プレートや地震と密接に関連するもう一つの加害要因は火山活動である。日本は環太平洋火山帯に位置しており，日本の火山は世界にある活火山1 548山の7.0%の108山を占めている[4]。さらに，日本は海に囲まれた島国であるため，地震や火山活動によって誘発される津波による被

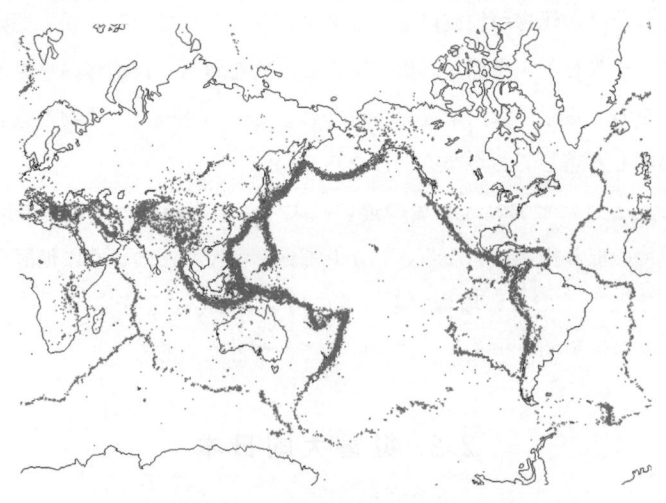

図2.3　1990年から2000年までの世界の地震の震央分布
（マグニチュード4.0以上，深さ50 kmより浅い地震）[3]

2.2 災害大国日本

害も多く受けてきた。わが国で使われてきたこの「津波」という用語は、いまでは「Tsunami」として国際的に使用されているほどである。

代表的な自然災害として、気象災害もある。世界的に見ると、洪水、風害、霜害、冷害、干害、雪害などの気象災害の頻度や関連死者数は、他の自然災害に比べて高いのだが、日本も例外ではない。日本列島は南北に長く、亜寒帯から熱帯まで多様な気候が分布しているが、基本的に国土の多くは年間の季節の変化が大きい地域であり、それが気象にも影響を与えている。例えば日本では、世界の陸域の年間平均降水量の2倍の雨が梅雨から秋に集中して降る。それが日本の地勢の特徴である標高差の大きい河川を経由して急流となり、下流域での洪水の原因ともなってしまうのである。降雨のほかにも、夏から秋には北西太平洋や南シナ海上で台風が発生し、それが上陸することも少なくない。台風や豪雨があると急傾斜地では土砂災害を被ることもある。

このように、わが国の国土は地震や雨風などのハザードを非常に受けやすい環境にある。

2.2.2 日本の風土と建築

本項では、日本の都市における脆弱性について述べる。

「家の作りやうは、夏をむねとすべし。冬は、いかなる所にも住まる。暑き比わろき住居は、堪へ難き事なり。」これは、吉田兼好の徒然草の一節である。「住まいを設計する際には夏の暑さを考えて造りなさい」という意味である。夏に湿度が高く蒸し暑い日本では、図1.4のように伝統的に開放的な空間が造られてきた。そのような開放的な空間を支えていたのは木である。日本の気候は温暖で雨が多いため、樹木が育つのに適している。この日本の風土に適した木材が、建築物の主要構造材として使用されていたのである。そして、木材による開放的な架構空間を仕切っていたのは障子（衝立障子、襖障子、明かり障子など）であり、それらは木と紙を用いていた。すなわち、「木」と「紙」は日本の伝統的な住居を構成する主要な要素だったわけである。

いうまでもなく、「木」と「紙」は燃えやすい素材である。そのため木造家

屋が密集する都市部では延焼火災も多く発生し，江戸時代には「火事と喧嘩は江戸の華」などという言葉が生まれたほどであった．また一方で，木で造られた家屋は，鉄筋コンクリート造建物等と比べて地震による倒壊危険性が相対的に高い．戦後になり，近代化を進めてきた日本の都市部では建替えが進み，鉄筋コンクリート造や鉄骨造などの堅牢建物が増えたとはいえ，古くからの木造住宅も依然として多く残っている．すなわち，日本の住宅の地震や火災に対する脆弱性は，石やレンガにより造られたヨーロッパ等の住宅と比べて高いのである．住宅は都市を形成する基本的な物的要素であるので，この事実は日本の都市の脆弱性の高さを示しているといえよう．

　つぎに，脆弱性の視点を建築から都市へと広げてみよう．地震に対して弱い木造建物が倒壊すると，瓦礫として燃えやすくなる．それに建物の隣棟間隔が近いという条件が重なると，近隣で出火があった場合の延焼火災の可能性が高くなる．また，古い木造家屋が密集している地区の道路は狭隘なところが少なくなく（**図 2.4**），そのような道路は建物倒壊により閉塞し，災害後の救援救護活動や消火活動の妨げとなってしまう．このような木造密集市街地は，日本の各地に見られる．現在の東京の木造密集市街地の起源は江戸時代にまでさかのぼる．江戸は城を中心とした「の」の字型渦巻状の都市構造を持っており，狭隘な農道と密集した民家が各地に存在していた．このような密集市街地を区

図 2.4　木造密集市街地の狭隘道路（東京都）

図 2.5　東京スカイツリーから見る墨田区の木造密集市街地（東京都）

画整理する必要性は明治以降も指摘されていたが，一部の地区を除き，現在も改善されないまま残っているのである（**図 2.5**）。単体としての建物脆弱性の高さについては前述したとおりであるが，このような日本の都市構造を踏まえると，より空間規模の大きな地区としての脆弱性も高いのである。

2.2.3　都市の人口と密度

最後に露出度について述べる。

ある場所に台風が襲来した場合，その場所に滞在する人の数が多ければ多いほど，影響の度合いは高まる。ハザードにさらされる対象の空間的・時間的な量を評価する尺度が露出度である。都市を対象とした場合，その規模を示す尺度として，都市域の面積，建物総数，延床面積，そして人口や人口密度が挙げられる。しかし，建物総数もしくは延床面積は人口の指標と密接に関係してくるので，巨視的に考察する際には，統計データの入手しやすい人口や人口密度を用いることが簡便で，使いやすいであろう。特に人口密度は，影響を受ける人々の密集度合いを示すものであり，影響度を表す重要な指標である。ただし，目的が明確で具体的な都市リスクについて分析するときには，人口や人口密度の指標にとらわれず，状況に応じて適切なデータを用いる必要がある。

まず，世界の主要都市における人口を見ていこう。**表 2.1** は総務省の統計データ[5]による世界の主要都市の人口を示したものである。東京特別区の人口は 849 万人で 14 位であり，メキシコシティやサンパウロ，および中国やインドの都市ほどではないが，世界の中では上位に位置している。

つぎに，人口密度はどうであろうか。**表 2.2** は同データ[5]による人口密度上位 30 か国を示している。この表によると日本は 22 番目に位置している。上位に位置しているバングラデシュ以外の 10 か国は，その国土の小ささから人口密度が高くなっている面もある。この 30 か国の中で国土が 1 万 km^2 を超える国は 9 か国となり，日本はバングラデシュ，台湾，韓国，オランダ，ベルギー，インドに続き人口密度が 7 番目に高い国となる。世界の都市別人口密度を見ると，モルジブのマレやインドや中国の都市が上位に挙げられるが，東京

2. 進化する災害と都市のリスク

表 2.1 主要都市の人口上位 30 都市（2010 年公表）
（文献 5）に基づいて作成）

	国（地域）・都市	人口〔千人〕		国（地域）・都市	人口〔千人〕
1	◎メキシコシティ	18 205	16	武漢（ウーハン）	8 313
2	上海（シャンハイ）	14 349	17	◎ロンドン	8 278
3	ムンバイ	11 978	18	ニューヨーク	8 275
4	◎北京（ペキン）	11 510	19	天津（ティエンチン）	7 499
5	サンパウロ	11 017	20	◎テヘラン	7 088
6	イスタンブール	10 823	21	◎ボゴタ	7 050
7	◎モスクワ	10 456	22	深圳（シェンチェン）	7 009
8	◎ソウル	10 020	23	香港（ホンコン）(07)	6 926
9	デリー	9 879	24	◎バンコク	6 842
10	重慶（チョンチン）	9 692	25	◎カイロ	6 759
11	カラチ	9 339	26	東莞（トンクワン）	6 446
12	◎ジャカルタ	8 821	27	リオデジャネイロ	6 137
13	広州（クワンチョウ）	8 525	28	トロント	5 510
14	◎東京都	8 490	29	◎ダッカ	5 334
15	◎リマ	8 445	30	瀋陽（シェンヤン）	5 303

（注） ◎は首都。

表 2.2 人口密度上位 30 か国（2010 年公表）
（文献 5）に基づいて作成）

	国（地域）・都市	人口密度〔人/km²〕		国（地域）・都市	人口密度〔人/km²〕
1	マカオ	18 131	16	韓国	486
2	シンガポール	6 508	17	プエルトリコ	444
3	香港	6 273	18	オランダ	439
4	ジブラルタル	4 876	19	マルチニーク島	355
5	バーレーン	1 386	20	ベルギー	348
6	マルタ	1 295	21	インド	345
7	バミューダ島	1 178	22	日本	343
8	モルディブ	1 016	23	米領サモア	343
9	バングラデシュ	990	24	エルサルバドル	338
10	バルバドス	638	25	イスラエル	325
11	台湾	635	26	グアム	320
12	モーリシャス	618	27	レユニオン	317
13	占領下パレスチナ領	618	28	米領バージン諸島	316
14	アルバ	578	29	グレナダ	312
15	サンマリノ	522	30	セントルシア	312

の区部や関西圏の都市部も高い部類に属する。

　本節では，都市のリスクを評価する三つの指標，すなわちハザード，脆弱性，露出度の視点から，日本の状況を見てきた。わが国は，それぞれの要素において都市リスクが高くなる条件を兼ね備えているのである。

2.3　都市・災害・都市防災

2.3.1　現代都市に対する脅威

　1章で，歴史的に都市はわれわれが安心して住めることを大前提として築かれてきたことを述べた。では，現代の都市はわれわれが安心して住めるようにつくられているのであろうか。答えは否である。その理由を考えてみよう。

　われわれの生活基盤となっている現代都市を脅かすものとして，戦争，テロ，災害などが挙げられる。

　かつては，万里の長城や城郭都市のように防衛のための空間が築かれてきた。これらの空間は，弓や大砲という武器からの防御を前提として設計されてきた側面もある。しかしながら，20世紀末までに戦争の仕方は大きく変化した。かつての鎧と剣は戦車と大砲に代わり，戦いの舞台は陸上から空中や水中へと舞台を移し，やがて原子力爆弾が出現し，第二次世界大戦の幕を降ろした。武器はその後も進化し，ミクロな視点では細菌兵器，マクロな視点では核兵器へと姿を変え，現在に至っている。ボタン一つで瞬時に一つの都市が消滅する可能性のある現代において，かつての防衛のための都市空間づくりの意義は薄まってしまった。

　また国と国の争いである戦争とは異なり，テロという目的の見えづらい脅威も世界中に広まっている。そのような時代において，ハザードという外力によってもたらされる自然災害の脅威を可能な限り抑え，減災するという取り組みは，対象も目的も明確である。このような背景の中で，成熟した社会に生きているわれわれは都市防災と向き合っているわけである。

では、都市防災の対象となる「都市災害」とは何であろうか。ここでは「都市」と「災害」という観点からひも解いていきたい。

2.3.2 「都市」とは何か

われわれは「都市」という言葉を日常的に何気なく使っている。しかし、その言葉の持つイメージの幅は広い。田園風景の広がる地方都市を思い浮かべる人がいるかと思えば、ニューヨークや東京のような高度に技術の進んだ都市社会を視覚的に思い浮かべる人もいるであろう。あるいは、ゆったりした田園都市でのバランスのよい近代化生活を思い浮かべる人がいるのに対して、日々慌ただしく過ぎていく時間の速さに都市を感じる人もいるであろう。では、「都市」とは何であろうか。

建築大辞典[6]には、つぎのように書かれている。

「政治・交易・工場などの第二次・第三次産業を基盤として成立した集落。その発生は理論的には余剰生産物が十分な数の非食糧生産階層を養い得るようになって以降のことであるが、具体的な形態を示してくるのはある程度の権力の集中（すなわち国家の発生）が行われてからである。……（中略）……都市の生活・形態・制度は地方や時代によっても異なるが、一般的に村落と対比させて考えれば自然や歴史的慣習から自由であり、計画的、人工的な要素が強い。」

このように、一応の定義づけがされてはいるが、過去には都市という明確な実態を求めることの難しさも議論されてきた。1960年代から70年代にかけて、さまざまな都市論がにぎわいを見せた。例えば磯崎　新が現代都市を「つかみどころのない妖怪」[7]と表現しているように、複雑化した都市の中で実態としての都市を把握することの難しさばかりが浮き彫りになった。

それから50年が経過したいま、都市という不過視な存在が地球規模で大きくなっていくことを感じつつも、都市を簡潔に定義するのは未だに難しい。しかしながら、都市災害の本質を議論するために、あえて「都市」を定義づける必要がある。ここではつぎのように簡潔に定義する。

都市　人類の生み出した日進月歩の科学技術が適用され，高度に複雑化した空間，およびその空間を利用している社会

2.3.3 「災害」とは何か

「災害」を英語で disaster というが，それは古イタリア語の disastro（悪い星回り： dis-「離れて」+ラテン語 aster「星」）からきている。

災害対策基本法第2条1では，「災害」を「暴風，豪雨，豪雪，洪水，高潮，地震，津波その他の異常な自然現象または大規模な火事もしくは爆発その他その及ぼす被害の程度においてこれらに類する政令で定める原因により生ずる被害」と定義づけている。ここで「政令で定める原因」とは，災害対策基本法施行令第1条に記されている「放射性物質の大量の放出，多数の者の遭難を伴う船舶の沈没その他の大規模な事故」であり，具体的にはガス漏れなどの漏洩や，船舶水没・航空機墜落といった交通災害などがある。これらの災害は自然災害と事故災害（産業災害）に区分され，わが国の災害対策の根幹となる防災基本計画では，自然災害として震災，風水害，火山災害，雪害が，事故災害（産業災害）として海上災害，航空災害，鉄道災害，道路災害，原子力災害，危険物等災害，大規模火災，林野火災が位置づけられている。

ここで，別の角度から「災害」を論じていきたい。

図2.6は都市における被災と復興の過程をモデル化したものである。横軸には時間 t が示されており，災害をもたらす外力が加わった時点を $t=0$ とし，それ以前が都市の平常時，それ以降が発災後を意味している。また，縦軸は都市のある状況 q を示しているが，それは経済的な状況や人口，あるいは，建物など物的環境の状況でもよい。平常時には都市が $q=100\%$ の活動状況を維持しているが，いったん外力を受けるとその状況が一時的に減少する。しかし，その後の復旧期と復興期を通じて，都市の活動状況はもとに戻ろうと回復していく様子を示している。短期的には外力による影響を受けた直後の減少量が被害量であり，それは例えば地震による人的被害もしくは建物被害の絶対値として示される。しかし長期的に見れば，人的被害や建物被害はその皮切りに過ぎ

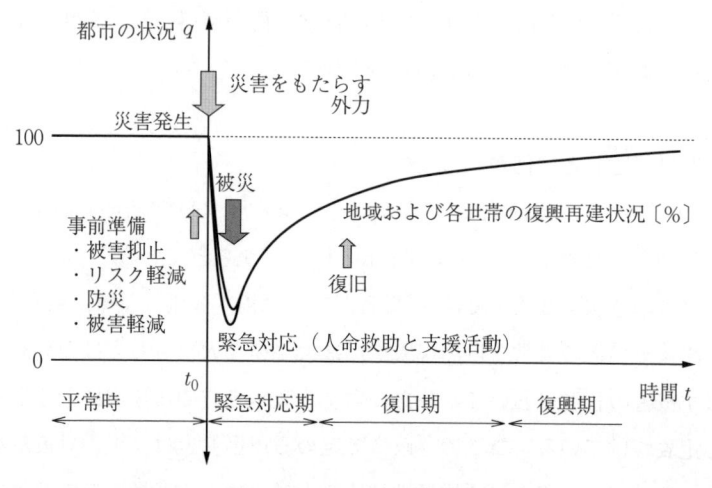

30   2. 進化する災害と都市のリスク

図2.6 都市における被災・復興過程の概念図

ず，その後の避難生活における支障や，経済的・社会的影響へと発展していく。仮に被災前の状況に戻ったとしても，そこに至るまでには多くの支障がある。それは図では，復興過程を示す曲線と $q=100$ の直線に囲まれた面積によって表される。この積分値こそ社会的被害の総量であり，外力によってもたらされた損失である。この損失をもたらす事象が災害である。

2.3.4 進化する災害

本章の最後に，「都市」と「災害」という用語を組み合わせた「都市災害」について考えてみたい。

災害にもさまざまなものがあるが，中でも最も都市に影響を与えるものの一つに地震災害がある。巨大地震が一度発生すると，それは都市を面的に破壊するとともに，構造物被害，液状化，延焼火災などさまざまな災害の様相を映し出す。そのため，地震災害は「総合災害」や「複合災害」などともいわれる。地震に強い都市をつくろうと対策を立てることは，都市のさまざまな防災上の弱点を見直すことでもあるため，都市全体の安全性を高めることにつながる。すなわち，地震は都市防災にとって重視すべき災害なのである。「都市災害」

2.3 都市・災害・都市防災

を考える上で，この地震災害を軸に話を進めたい。

あるところで地震が発生すると，震源で発生した地震のエネルギーは地中を経由し，各地の地盤に影響を与え，山崩れや液状化などが発生する。面的に四方に広がったエネルギーは地表面から構造物に伝わり，社会基盤施設や建築物に被害をもたらす。構造物が壊れるとその内部にいた人々にも被害が及び，人的被害となる。また，地震の揺れは火気を使用した設備にも影響を与え，出火する場合もある。それがしだいに建物の瓦礫にも燃え移り，延焼火災が始まる。倒壊や延焼により住まいを失った被災者は避難することとなり，避難所では救援物資が求められる。面的に被害を受けた被災地の産業は停止し，それが地域全体，そして日本全体，さらには世界経済に影響を与えることもある。このように，一つの地震が地盤や構造物を破壊し，やがて世界経済へも影響を与える一連の流れを災害の連鎖という。図2.7は複雑な連鎖の関係をきわめて簡単に示したものであるが，この複雑さこそ，都市災害の本質を示している。

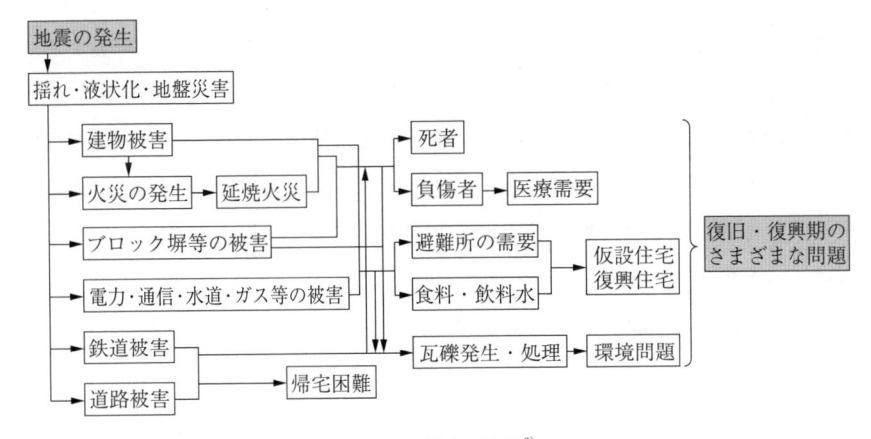

図2.7　災害の連鎖[8]

図2.8を見ていただきたい。これは同じ外力を受けても，それを受ける環境が異なれば災害の様相も異なることを示した概念図である。ここに二つの異なった環境がある。Aはモンゴルの草原であり，ここで人々は移動式住居であるゲルで生活を営んでいる。もう一方のBはニューヨークの摩天楼で，世界

32　　2. 進化する災害と都市のリスク

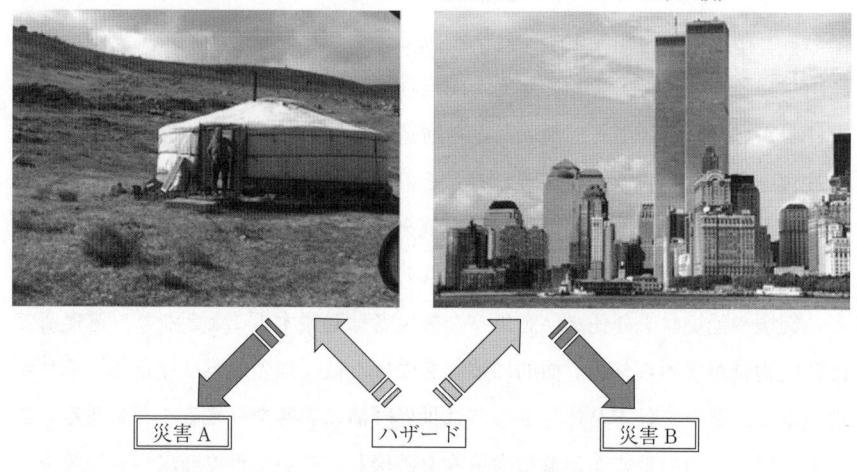

環境A（モンゴルの草原）　　　　　環境B（ニューヨークの摩天楼）

図 2.8　災害の反射鏡としての都市環境

の中でも最先端をいく都市の中の都市である。

　この二つの環境に，ある外力（ハザード）が加わったとしよう。仮に震度7の地震を想定してみる。Aに写っている簡易なゲルはまたたく間に倒壊するかもしれない。しかし，揺れた瞬間，ここに写っている女性は外に飛び出し，大したけがもせず，助かるだろう。女性は屋外で呆然とし，たったいま起きた地震に驚いているかもしれない。しかし，しばらくすると，倒壊したゲルを建て直そうと仲間が集まり，数十分もするとゲルが完成し，何事もなかったかのように，もとの生活が始まる。

　一方，Bのニューヨークでは何が起きるであろうか。アメリカ東海岸では地震はめったに発生しないが，便宜上，地震が発生したとしよう。1995年兵庫県南部地震のように，高層ビルが倒壊し，ライフラインが断絶したら，その復興に少なくとも5年はかかるに違いない。あるいは超高層都市ならではの，まだ人類が体験したことのない問題が多々発生するかもしれない。

　このように同じハザードを受けたとしても，それを受ける環境が異なれば，災害の現れ方も異なってくる。いうなれば，都市の環境はハザードを災害へと映し出す反射鏡のようなものである。そして，反射鏡としての「都市」とは，

前述した定義によれば「人類の生み出した日進月歩の科学技術が適用され，高度に複雑化した空間，およびその空間を利用している社会」である。すなわち，都市は科学技術の進歩とともに日々進化している。そして，進化し続ける都市とともに，災害も進化し続けているのである。

　大地震が発生した際のニューヨークの災害を想像するのは比較的容易であるが，ネズミがコンピュータのケーブルをかじっただけでも，都市が麻痺する可能性がある。1984年，東京都世田谷区の電報電話局近くの洞道で，電話のケーブルが出火した。この火災により，ネットワークに支障が生じ，電話線のみならず銀行のオンラインサービスも不通となった。この事故（都市災害）は，完全復旧までに9日間を要している。これは都市災害の本質をついている。すなわち，さまざまな技術が組み込まれた現代都市は，高度に複雑化した巨大なシステムであり，そのように重層化した環境だからこそ，なんでもない小さな支障がシステム全体の破綻をもたらすことにもつながる。

　現代の都市において，従来からある自然災害のみならず，昨日まで気にも留めなかった出来事が都市全体を麻痺させる要因になることもある。技術の進歩により都市の生活が便利になることと，都市システムの脆弱性が増すこととは表裏一体の関係にある。

　都市が進化し続ける限り，都市の防災性能を上げる努力を続けていかなくてはならない。

《第2部 災害に対応した都市・建築空間》

3 日本の伝統的建築物群に見られる災害対応空間

3.1 地域固有の災害と集落

　古来，風土や地勢と密接な関係にある災害から身を守りつつ住まうことは，必須の課題であった。そのため，地域固有の災害に対応した空間システムが各地で築かれてきた。それがときには群としてのまとまりを見せ，生活に根ざした土着的な景観を形成してきた。それは国内外を問わず，世界中の集落に見ることができる。

　わが国においても，各地に歴史的建造物や集落が点在しており，個性的で魅力的な空間が多々ある。これまで述べてきたように，日本は古くからの災害大国であり，さまざまな災害に幾度となく見舞われてきた。そのため，頻繁に発生する災害に対応するためにつくられた特徴的な空間も少なくない。風土や地勢に基づく固有の災害に見舞われてきた地域では，それらの災害に対応するための空間的要素（災害対応の都市・建築空間ボキャブラリー）を居住地の建造物やその近隣に施してきた。そのようなボキャブラリーによって地域固有の空間が形成されている事例は各地で見られる。日本の町並みの空間形成の過程を語る上でかかせない背景となっている。

　このような災害対応の都市・建築空間ボキャブラリーに着目し，日本の歴史的建造物や集落を体系づけた研究は（著者の知るところ）見当たらないが，そのような切り口で分析することも歴史的建造物や集落を理解する上で重要である。本章では，日本の各地で長い年月をかけて形成されてきた伝統的な集落や

町並み（伝統的建築物群）を，災害対応の空間という角度から考察していきたい。

3.2 伝統的建築物群に見られる災害対応空間の情報収集と整理

わが国における伝統的集落や町並みに見られる災害対応空間を抽出するにあたり，『図説 日本の町並み』（全12巻)[1]などの既往文献や重要伝統的建造物群保存地区などの情報に基づき，118の空間事例を選定した[2]。そして，各種災害に対応するために各地で形成されたこれらの空間事例の特徴を整理する上で，以下のように分類した。

(1) **基本情報**
・対象地区： 対象空間が立地している都道府県と市区町村，および対象地区
・成立年代： 対象空間が形成された時代区分，詳細がわかる場合には成立年もしくは成立年代

(2) **対象としている災害**　対象空間が対応している固有の災害を既往文献から読み込める範囲で抽出し，**表3.1**のとおり，13種に分類した。実際には災害といえない「戦争」や「犯罪」もここには含まれている。1章で述べたように，都市や集落を敵から護る防衛のための空間も，災害から守る防災のための空間も，外部に存在する脅威から住民の空間を守るという意味で共通したところが多い。各時代の社会背景の中で，「防衛」のための空間も「防災」のための空間も必要に応じて生まれ，現代に引き継がれているため，ここでは「戦争」や「犯罪」といった項目も組み入れている。

表3.1 災害対応の空間が対象としている災害種別

コード	1	2	3	4	5	6	7	8	9	10	11	12	13
対象となる災害	火災	強風	潮風	台風	高潮	洪水	豪雨	豪雪	寒波	熱波	戦争	犯罪	その他

表 3.2 災害対応空間を持つ伝統的集落や町並みの事例

番号	地域	名称または空間分類・機能	対象とする災害	備考（収集・閲覧資料より抜粋）
1	北海道中標津町	格子状防風林	強風	日本最大規模の防風林
2	北海道函館市	レンガ造り 防火扉	火災	乾燥による火災防止（旧開拓使函館支庁書籍庫など）
3	青森県黒石市	こみせ	雪, 雨	雪や雨をしのぐために家の前に造られたアーケード
4	秋田県能代市	防砂林（松林）	飛砂 津波被害の軽減	海岸線に連なる「風の松原」
5	山形県田麦俣	かぶと造り	雪, 寒さ, 暑さ	
6	福島県喜多方市	蔵	火災	
7	茨城県つくば市洞下集落	屋敷林	強風	街道沿いに門・塀・建物と屋敷林が組み合わされた伝統的集落
8	栃木県宇都宮市大谷西根	大谷石を利用した建築	火災	大火の際に大谷石の耐火性が注目された
9	群馬県小幡甘楽町	食い違い郭	戦（防衛機能）	坂下町の庭園を備えた武家屋敷 食い違い郭は段違いの石垣
10	埼玉県川越市	重厚な土蔵造り 黒壁漆喰	火災	明治26年の川越大火の後に蔵づくりの家が増加
11	千葉県佐原市	重厚な土蔵造り	火災	
12	新潟県上越市高田	雁木	積雪	道路に面した家屋のひさしなどを延長して、積雪を防ぐ歩行者通路としての空間を連続的に設けたもの。雁木のある街は、町屋づくりと呼ばれ、間口がせまく奥行きが深い独特の都市形成となっている。
13	富山県相倉, 菅沼（白川郷五箇山）	雪持林（防雪林） 切妻合掌造り 茅葺屋根	雪崩	雪崩から集落を守るため、雪持林と呼ばれる防雪林に囲まれ、数軒の切妻合掌造、茅葺き屋根の民家が点在する。
14	長野県諏訪地方	建てぐるみ	寒さ	母屋と土蔵の屋根を一体化
15	長野県妻籠	鉄板葺き 出梁	雪	街並み保存運動の発端 昔は板葺き石起き屋根 出梁は二階が一階よりもせり出したもの

3.2 伝統的建築物群に見られる災害対応空間の情報収集と整理　37

表3.2（続き）

番号	地域	名称または空間分類・機能	対象とする災害	備考（収集・閲覧資料より抜粋）
16	岐阜県高山市	土蔵 路地空間 側溝の配置 どじ（避難通路）	火災	家の裏庭には土蔵が並べて建てられており、万が一火災が発生した場合、並んで建つ土蔵の強力な延焼遮断帯となる。それぞれの家には今でも「どじ」と呼ばれる空間（土間）が残されており、このどじ空間が表側の道路と裏庭をつなぎ、避難通路の役割を果たしている。側溝は羽目板づくりとなっていて、火災が発生した際に用水を集めて流せる方向に集めて流せるシステムとなっている。
17	岐阜県郡上八幡	土蔵	火災	1652年に起こった大火が原因で、災害に強い町づくりを目指し、その際に作られた防火用水路が残っている。
18	静岡県松崎町	なまこ壁	火災、水害、防湿性	
19	愛知県名古屋市	四間道（延焼遮断帯）	火災	堀川とその沿道にならぶ問屋筋の裏通りを四間幅（7.3m）の道路として拡張するとともに、問屋の収納庫であった土蔵を全て東側に配備。これにより川と土蔵帯によって延焼遮断帯の構成する町並みを形成。
20	愛知県有松	茅葺 なまこ壁の塗籠造り	火災	
21	岐阜県南部 三重県北部 愛知県西部の木曽三川と支流域	輪中	水害	集落が堤防で囲まれている。鎌倉時代末期に起源を持つ。
22	和歌山県湯浅	紅殻色の石州瓦	台風	
23	鳥取県打吹玉川	カリヤ	雪よけ	雪除けのためのアーケードで津軽黒石のこみせ、越後十日町の雁木などと同系統である。
24	鳥取県若桜町			
25	島根県出雲地方	築地松（防風林）	強風	築地松は北西からの風に対応。出雲地方独特の景観である。
26	山口県古市金屋	漆喰で白く塗り固められた壁	火災	港町。漆喰で白く塗り固められた壁が並んで、白壁の町並みで有名。これは明和5年に起こった大火が原因で、後に耐火構造にしたためだとされる。

3. 日本の伝統的建築物群に見られる災害対応空間

表 3.2（続き）

番号	地域	名称または空間分類・機能	対象とする災害	備考（収集・閲覧資料より抜粋）
27	山口県祝島	石積みの塀	潮風	漁村集落。厳しい潮風によって石積みの塀や石の塀を練り固められ、更に漆喰やモルタルで塗り固められた、白黒対称の幾何学的な模様が穏やかならぬ情緒を醸し出している。愛媛県西海町外泊集落、竹富島と同類。
28	香川県笠島	T字路 食い違い十字路	防衛	塩飽本島の一集落で、古くは塩飽水軍の本拠地として発展した。町並みは防衛上の政策で、複雑に入り組んでいる。
29	愛媛県外泊	石垣	季節風による風害、潮害、防風、土砂崩れ	もともと石垣が形成された理由は防風のためだけでなく、急傾斜の土砂崩れを防ぐためであった。
30	高知県安芸市	土用竹 ウバメガシの生垣 石垣 土居廓中	防風、暑さ、防暴	戦国時代からある土用竹は、夏の暑さ、冬の寒さ、強風を防ぐとともに矢失による攻撃・防衛を目的としている。
31	高知県吉良川	いしぐろ	台風、強風	台風や大雨の被害をまともに受けるため、建物には水切庇と呼ばれる幾重にも重なった小さな庇がある。台風などの強風から家を守るためのいしぐろと呼ばれる石垣塀も特徴的でデザインが見られる。
32	福岡県吉井	白壁土蔵	火災	土地柄、火災が起こりやすかったために、川の流れを割りに工夫が見られる。漆喰で塗り固められた重厚な白壁土蔵は耐火のための策。
33	鹿児島県知覧	石垣の上に生垣 目隠し塀	台風	台風対策のために目隠し塀と呼ばれる高い塀を設けている。
34	鹿児島県奄美地方	高床	夏季の湿気、照返し	
35	沖縄県竹富島	ヒルギ林（防風林） グック（石垣）	防風	台風の被害を受けやすいため、集落は内陸に形成され、防風のためのヒルギ林が至る所に見られる。また、珊瑚石を積み上げて作ったグックと呼ばれる石垣は防風対策のため。
36	沖縄県渡名喜島	フクギの屋敷森	台風	竹富島と同様、台風の被害を受けやすいため、フクギの屋敷森が発達している。またこのフクギ林は敷地割りの、風通しのため、道路より深く掘り下げられるソネンジャキと呼ばれる風よけの網目模様（チニブ造り）の塀など、さまざまな工夫が見られる。

こうして抽出した災害対応空間の事例を**表 3.2**に示す。これらは、日本各地でその風土や災害の傾向に応じて創出された空間である。長い年月をかけて形成されてきたこれらの空間がどのような災害に対応し、またどのように分布しているのかを、以下で見ていくことにする。

3.3　災害対応の都市・建築空間ボキャブラリー

　表 3.2 には、対象空間の立地場所、対象空間を表す固有の名称または機能、対象としている災害、そして簡単な説明を掲載している。例えば、防風林が防風だけではなく防火の役割も果たしたり、あるいは蔵造りが防火だけではなく防寒に対応していたりするなど、一つの空間ボキャブラリーが複数の災害に対応している事例も多い。ここでは、文献の表記に基づいて作成したものの一部を掲載している。また、**表 3.3**は抽出した災害対応の都市・建築空間ボキャブラリーの事例である。具体的な空間については、後ほど紹介したい。

　まず、これらの空間が対応してきた災害について考察する。対応している災害ごとの対象地区数を**図 3.1**に示す。これによると、火災に対応した空間が最も多く、つぎに強風、豪雪へと続く。ここでは、強風と台風を区別しているが、防災空間としてはほぼ同様の機能を持つと考えてよい。しかし、強風と台風を合わせても 30 ほどであり、火災対応の事例数には及ばない。戦争に対応した防衛空間は 15 ほどあり、それらは例えば武家屋敷のある町並みとして城下町の面影を現代に残している。参照した文献には、地震に対応している空間は見られなかった。わが国において地震はどこにでも発生する可能性があり、われわれの祖先たちは地震による倒壊を防ぐために知恵を働かせてきたと考えられるが、その対策は結局のところ、強い建物を造ることにほかならない。すなわち、各建物の構造計画と施工をしっかり行うということであり、それらは従来、空間の意匠としては意識されてこなかったと見るのが妥当であろう。

表 3.3　災害対応の都市・建築空間ボキャブラリーの事例

対応とする災害	災害対応の都市・建築空間ボキャブラリー	備　考
火災	防火林	同時に防風の役割も
	蔵造り	土蔵，石蔵，レンガ蔵など
	塗り籠め（塗屋）	土壁で塗り籠めたもの
	なまこ壁	瓦を白漆喰で固めた壁
	虫籠窓	防火上の問題で虫籠に似た窓の形に
	うだつ（防火壁，袖壁）	隣家への延焼を防ぎ，特に壁に瓦がついたもの
	四間道	四間幅（7.3 m）の道路として拡張した延焼遮断帯
	どじ空間	表側の道路と裏庭をつなぐ避難通路
	火除地（火除屋敷）	延焼防止と避難用の空地帯
風害（強風，潮風，台風）	防風林	風の松原，格子状防風林，広大なものもある。
	屋敷林	屋敷を囲っている防風林のこと
	石垣	南西地方に多く見られる。
	間垣	強い潮風から家を守る竹の垣根
	掘り下げ屋敷	道路より屋敷地を1m前後掘り下げ，軒を低くしたもの
	瓦葺屋根	台風の通り道である地域に多く見られる。
	板張り壁	潮風を防ぎ，漁村集落に見られる。
	白漆喰で固めた赤瓦	台風への対策で，沖縄に見られる。
雪害	こみせ／雁木／カリヤ	アーケード状の構造をしており，雪や雨を防ぐ。青森，新潟，鳥取に見られる。
	合掌造り	急勾配の茅葺屋根は雪の重みに耐える強い構造
	石州瓦	中国地方独特の赤い瓦で，耐水性・耐寒性にすぐれている。
	曲り家	豪雪，強風を防ぐためL字型の民家構造となった。
	かぶと造り	豪雪の影響で多層民家となった。
寒さ	建てぐるみ	母屋が土蔵を抱きかかえるように配置されている。
暑さ	高床	湿気・照り返しに対応しており，奄美大島などで見られる。
津波	防波堤	広島県御手洗の千砂子波止など
	防潮林	佐賀県の黒松を植林した虹の松原など
洪水	段蔵造り	石垣の上に蔵があり，浸水しない構造
	輪中	堤防に囲まれた集落で，愛知，岐阜，三重で見られる。
戦争・犯罪・その他	環濠集落	周囲に堀を巡らせた近畿地方に多く見られる防衛集落
	鈎曲がり	防衛策である折れ曲がった道
	枡形／鈎形	見通しのきかない曲がり角
	T字路	防衛のための突き当たり
	土塁	城などの周囲に築かれた連続した土盛り
	食い違い廊	クランク状の石垣でつくられた小道
	生垣／竹垣	外部からの視界をさえぎり，暑さや寒さも防ぐ。

3.4 火災に対応した都市・建築空間　*41*

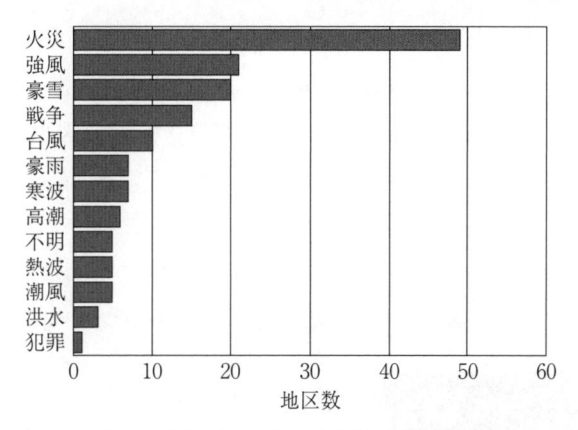

```
火災   ██████████████████████████
強風   ██████████
豪雪   ██████████
戦争   ████████
台風   █████
豪雨   ███
寒波   ███
高潮   ███
不明   ██
熱波   ██
潮風   ██
洪水   █
犯罪   ▏
       0    10   20   30   40   50   60
                    地区数
```

図3.1　災害対応空間の災害種別対象地区数

3.4　火災に対応した都市・建築空間

　ここからは，日本各地を襲ってきた代表的な災害である火災，風害（強風，潮風，台風），雪害に対応するための都市・建築空間について述べていく。まずは火災に対応した空間について解説する。

　図3.2は火災に対応した都市・建築空間の分布状況を示したものである。

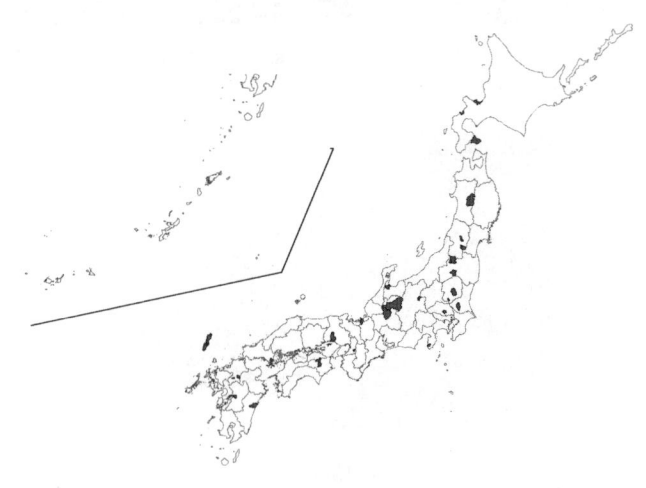

図3.2　火災に対応した都市・建築空間の分布（市区町村単位）

42   3. 日本の伝統的建築物群に見られる災害対応空間

これらの空間は日本列島の各地に広がっているが，内陸部に多く見られる。

　火災に対応したものとしては，① 建材により建物自体が燃えないようにしたもの（蔵造り，塗り籠め，なまこ壁，レンガ造りなど）（**図3.3**, **図3.4**, 銀座レンガ街は19世紀後半に建設されたものであり，本章の伝統的建築物群には含まれていないが，ここではレンガ造りを代表するものとして紹介している。），② 隣家に飛火しないよう仕切りを設けたもの（うだつなど）（**図3.5**），③ 現代における延焼遮断帯としての機能を持つオープンスペース（防火林，

図3.3　銀座レンガ街の一部
　　　　（江戸東京博物館内）

図3.4　銀座に残るレンガ遺構の碑
　　　　（東京都）

図3.5　脇町のうだつ
　　　　（徳島県）

四間道，火除地など）（図 3.6），④ 避難路の機能を持つ空間（どじ空間など）などに分かれる。

図 3.6 明暦の大火（1657 年）の後に火除地として設けられた両国橋西詰の広小路（江戸東京博物館内の模型）

つぎに，火災に対応した都市・建築空間の分布（都道府県単位）の変遷を見ていく（図 3.7 (44 ページ)）。文献調査によると，火災に対応したこれらの都市・建築空間は室町時代以前より近畿地方で見られる。安土桃山時代には信州にも分布が広がり，「火事と喧嘩は江戸の華」と呼ばれるほど火事の多かった江戸時代には，蔵造りや火除地などの空間も生まれ，本州全域に広がっている。明治時代に入ると，レンガ建築が出現し，火災対応の空間づくりは北海道の函館などにも広がった。

3.5　風害に対応した都市・建築空間

海に囲まれている日本列島では，風害に対応した空間は海に面した地域，あるいは内陸部でも強風に見舞われる地域で多く見られる（図 3.8）。例えば筑波山の南部地域では，冬になると筑波おろしと呼ばれる冷たい強風に見舞われるため，洞下集落（茨城県）では屋敷林を敷地に施している。

強風に対応するための空間には，① 植樹により広大な空間を強風からさえぎるもの（防風林など）（図 3.9，図 3.10），② 個人所有の区画周辺を樹木や壁で囲い込むことにより強風を防ぐもの（屋敷林，石垣，間垣など）（図 3.11，図 3.12），③ 建物自体を強固な重い部材で固めたもの（瓦葺屋根，白漆喰で

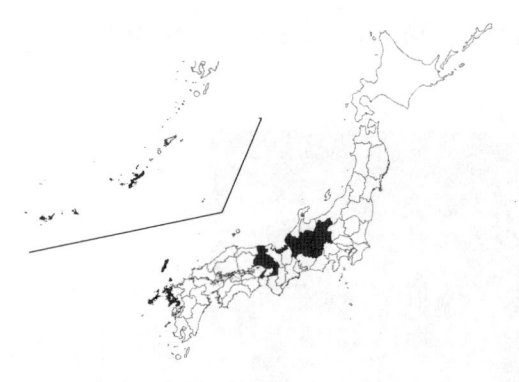

44   3. 日本の伝統的建築物群に見られる災害対応空間

(a) 17世紀初頭時点（〜1603年）

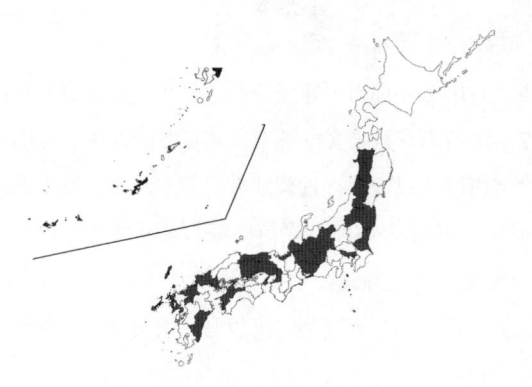

(b) 18世紀末時点（〜1800年）

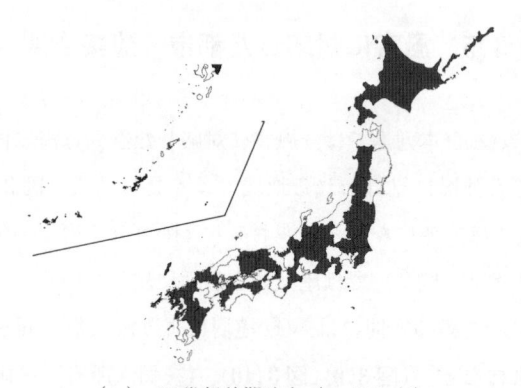

(c) 20世紀前期時点（〜1912年）

図3.7 火災に対応した都市・建築空間の分布の変遷（都道府県単位）

3.5 風害に対応した都市・建築空間

図 3.8 風害に対応した都市・建築空間の分布（市区町村単位）

図 3.9 能代の風の松原（秋田県）

図 3.10 備瀬のフクギ並木（沖縄県）

図 3.11 砺波平野の屋敷森（垣入）に囲まれた散居村集落（富山県）

図 3.12 輪島の間垣（石川県）

固めた赤レンガ，板張り壁など）（**図3.13**），④ 風の抵抗を受けないよう建物の間取りや窓の配置を工夫したもの（掘り下げ屋敷，妻側（つまがわ）を海辺に向けた漁村など），⑤ 風の抵抗を緩和するために建物の配置角度を変えたもの（曲り家（まがりや）など）（**図3.14**）などがある。

図3.13 竹富島の石垣と赤瓦（あかがわら）屋根（沖縄県）

図3.14 遠野の曲り家（岩手県）

風害（おもに強風）に対応した都市・建築空間の分布（県単位）の変遷を見ていく（**図3.15**）。早期に成立した風害対応空間としては砺波平野（富山県）が挙げられ，安土桃山時代までに成立している。江戸時代中期までには日本海側にその分布が広がり，明治時代になると四国や東海地方など太平洋側にもそのような空間が成立していることが見てとれる。

3.6 雪害に対応した都市・建築空間

本章の最後に雪害に対応した都市・建築空間を見ていこう。**図3.16**に雪害に対応した都市・建築空間の分布を示す。当然のことだが，これらの空間は東北から近畿にかけての日本海側の豪雪地帯に見られる。

豪雪に対応するためにつくられた空間ボキャブラリーには，① 林により雪崩などを防ぐもの（**図3.17**），② 公共空間や商店の利用者通行用の空間（こみせ，カリヤ，雁木（がんぎ）など），③ 建築の立面形状により雪荷重を軽減させる形態（合掌造りなど）（図3.17），④ 堅牢（けんろう）で凍害に強い屋根建材を用いたもの，⑤

3.6 雪害に対応した都市・建築空間　　47

(a) 17世紀初頭時点（〜 1603 年）

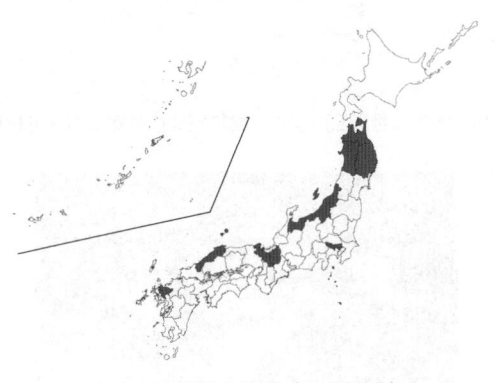

(b) 18世紀末時点（〜 1800 年）

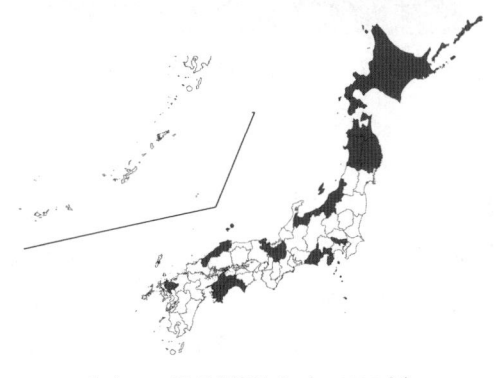

(c) 20世紀前期時点（〜 1912 年）

図 3.15 風害（強風）に対応した都市・建築空間の分布の変遷（都道府県単位）

48   3. 日本の伝統的建築物群に見られる災害対応空間

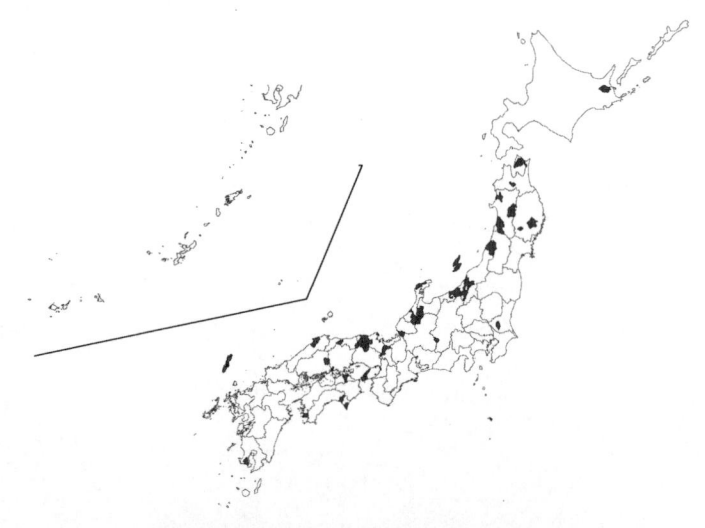

図3.16 雪害に対応した都市・建築空間の分布（市区町村単位）

図3.17 菅沼の合掌造り集落と防雪林
（富山県）

建築の平面形態や配置に配慮したもの（妻側の入口など），⑥ 建築の断面形態により積雪に配慮したもの（かぶと造り等）などがある。

　雪害に対応した都市・建築空間の分布（県単位）の変遷を見ると（**図3.18**），雪害に対応した空間は江戸時代初期の17世紀までに東北地方と現在の島根県で成立し，江戸時代には現在の富山県，長野県，京都府に広がっている。そして明治時代になると，日本海に面したほとんどの地域にも普及していることがわかる。

3.6 雪害に対応した都市・建築空間　　49

（a）17世紀末時点（〜1688年）

（b）18世紀末時点（〜1800年）

（c）20世紀前期時点（〜1912年）

図3.18 雪害に対応した都市・建築空間の分布の変遷（都道府県単位）

ここでは，三つの災害に対応した空間の大まかな地理的分布と成立時期について巨視的に考察した。各空間に対応している災害種別は，既往文献に表出されたキーワードに基づいているが，前述のようにある都市・建築空間ボキャブラリーが複数の災害に対応していることも少なくない。例えば防風林は防風だけでなく，周辺環境によっては防火の役割を果たしている場合もあり，また蔵造りの町は防火だけでなく，気象状況によっては防寒に対応している場合もある。したがって厳密な分析ができているとはいい難いが，各地の災害特性とそこで生まれた集落や町並み空間との関係を大まかにつかむという点において，意義のある試みであろう。

4 災害に対応した都市・建築空間の考え方

4.1 災害対応の循環体系

3章で，日本各地に広がる伝統的な集落や町並みの中に，さまざまな災害に対応した空間があることを見てきた。これらの空間をどのように体系づけて考えていったらよいのであろうか。ここでは，災害対応の循環体系という考え方に基づき，体系化していきたい。

4.1.1 災害対応の循環体系の基本概念

わが国の災害対策の基本となっている法律に「災害対策基本法」があるが，その目的については以下のように記されている。

[目的]

第1条 この法律は，国土並びに国民の生命，身体及び財産を災害から保護するため，防災に関し，国，地方公共団体及びその他の公共機関を通じて必要な体制を確立し，責任の所在を明確にするとともに，防災計画の作成，災害予防，災害応急対策，災害復旧及び防災に関する財政金融措置その他必要な災害対策の基本を定めることにより，総合的かつ計画的な防災行政の整備及び推進を図り，もつて社会の秩序の維持と公共の福祉の確保に資することを目的とする。

各自治体はこの法に基づき，災害に対応していかなくてはいけないのだが，

4. 災害に対応した都市・建築空間の考え方

「都市防災」あるいは「災害対策」が扱う対象は，市民に対する防災教育，ハザードマップの作成，備蓄，緊急時の組織体制，仮設住宅の設置，避難所の運営，心のケアなど多岐にわたる。それはハード面とソフト面，対処する空間的領域の大きさ，住民・自治体職員・専門家といった立場による違いなど，さまざまな要素が絡み合ってくる。これらを体系的に考えていく上で，目的に応じた多様な視点で考えることも可能だが，その対象領域は実に多く，かつ広い。多様で複雑になりがちな「災害マネジメント」を整理するために，時間的概念を導入した**災害対応の循環体系**[1]（disaster life cycle）という考え方を用いると都合がよい。

災害対応の循環体系とは，「ある地域に災害が発生したと仮定した場合に，被災から緊急時の対応，復旧，復興を経て，平常時に戻り，その後はつぎなる災害に備えて被害を抑止するための対策を立てるとともに，被災したとしてもその被害をできる限り軽減するための準備をしておく」という流れを周期的な時系列体系として示した考え方である。この考え方をモデル化したものを**図4.1**に示す。周期性を持つ時系列を表す円の最上部が災害の起点を表してお

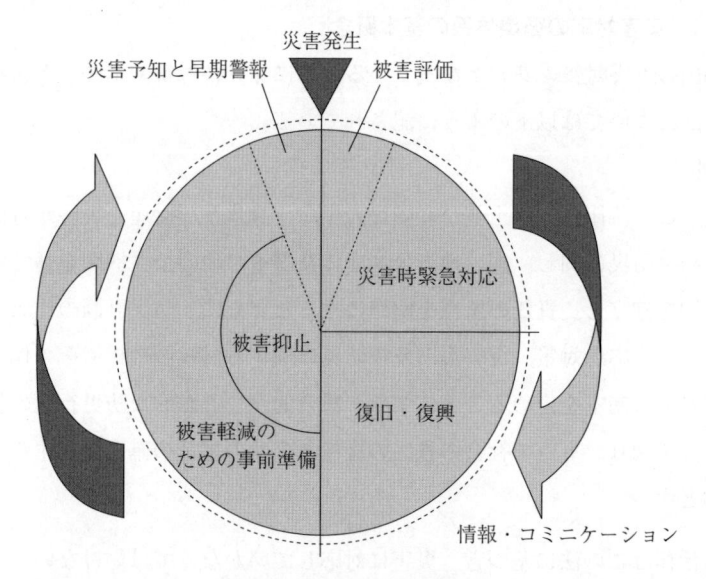

図4.1 災害対応の循環体系[1]

り，図2.6の被災・復興過程の概念図の時間軸を，繰り返される円として置き換えたものと考えてもらってもよい．

4.1.2 災害対応の循環体系における四つの基本局面

この周期の中では，まず四つの基本的な局面がある．① **被害抑止** (mitigation)，② **被害軽減のための事前準備** (preparedness)，③ **災害時緊急対応** (response)，そして ④ **復旧・復興** (recovery/reconstruction) である．これを災害に備えた事前対策の段階から説明していくと，以下のようになる．

① **被 害 抑 止**　平常時には，つぎなるハザードに備えて被害を技術的・財政的に可能な範囲で抑止するための活動を行う必要があるが，これが被害抑止である．外力を受けても，被害が出ないようにする取り組みであり，おもに物的環境により対策を講ずることから，ハード防災とも呼ばれる．

② **被害軽減のための事前準備**　被害を抑止するために物的環境を整えたとしても，災害の外力がその被害抑止力よりも大きくなると被災してしまう．たとえ被害を受けたとしてもそれが最小限に抑えられるよう，事前に準備をしておくことも必要である．これが被害軽減のための事前準備であり，ソフト防災とも呼ばれる．社会の経済状況や地域特性に応じて，「被害抑止」と「被害軽減のための事前準備」をバランスよく組み合わせ，防災対策を講ずる必要がある．

③ **災害時緊急対応**　ハザードによる衝撃が都市を襲い，その外力が事前に準備していた被害抑止力を上回ると被害が発生する．これが災害である．例えば，地震による衝撃を受けたことにより，地盤形状に変化がもたらされ，社会基盤および構造物が破壊され，そして人的被害へと影響が波及していく．被災直後には，自治体にしろ，住民にしろ，それぞれの立場からあらかじめ施していた事前準備を駆使し，その被害が最小となるよう，救命・救助活動，消火活動など緊急時の対応をとることになる．これが災害対応の局面である．

④ **復旧・復興**　被災直後の災害対応がなされたあとは，復旧・復興の局面に入る．一般的に復旧・復興を英語で recovery や restoration と表現するが，

復興過程で都市を物的に構築していくことに焦点を当てたときにはreconstructionを使うこともある。被災直後には，最低限の社会生活レベルを確保するために，被害を受けたシステムを復旧させることになる。復旧がなされた後，被害が壊滅的な場合は，新たな都市システムを創るべく復興という局面に入っていく[2]。

復興は基本的に数年から十数年という長期に渡る過程である。その長い過程の中で，被災者あるいは地域は徐々に日常性を獲得していく。そして，① 被害抑止と ② 被害軽減のための事前準備という防災の二つの側面から，つぎなる災害に備えていくことになる。

4.1.3 災害対応の循環体系におけるその他の要素

以上の四つの基本的な局面に付随するものとして，⑤ **災害予知と早期警報**（prediction and early warning），⑥ **被害評価**（damage assessment），⑦ **情報・コミュニケーション**（information and communication）が挙げられる。

⑤ **災害予知と早期警報** 災害は，ある外力により引き起こされる。自然災害にもいろいろな事象がある。地震など前ぶれがなく突発的に発生することもあるが，台風などは，事前の気象情報によりその動きが予測でき，台風が地域を直撃する前に対策を立てることが可能である。そのために必要な要素が災害予知と早期警報である。地震が遠海で発生し，津波が予測され，避難に十分な時間がとれる場合や風水害などは，早期警報をする意味が大きい。また，突発的に発生する地震についても，現在では緊急地震速報のシステムも構築され，P波を感じてからS波が到着するまでのわずかな時間を利用して，いかに人命などの被害を軽減できるかが検討され，各地で訓練されている。

⑥ **被害評価** 災害直後には，緊急時の対応をより適切に進めるために，可能な限り早く被害の全体像や各地の被害程度を把握する必要がある。これが被害評価である。たとえ大まかであっても被害を見積もることにより，対応すべき活動と投入可能な物的・人的資源を推し量ることができ，適切な災害対応を行うことが可能となる。

⑦ **情報・コミュニケーション**　災害時の各種情報や，防災拠点となる地域の連携が重要なことは，改めていうまでもないであろう。しかしながら，災害，防災，情報，コミュニケーションもまた多くの側面を持ち，立場により，目的により，そしてそれぞれの局面によって違ってくる。情報とコミュニケーションは，災害対応のすべての局面において，姿を変えながら重要な要素となってくるため，災害対応の循環体系の中では図4.1のように外周（破線部分）に位置づけている。ここでは詳細に触れないが，有効な災害対策のためにはそれぞれの段階での役割を踏まえ，議論していく必要がある。

4.2　災害に対応した都市・建築空間の体系

　災害対応の循環体系の中では，① 被害抑止，② 被害軽減のための事前準備，③ 災害時緊急対応，④ 復旧・復興が四つの基本的な局面がある。ここで対象としている災害対応の空間デザインは，その目的や経緯に応じていずれかの局面に位置づけられる。ただし，空間は縦・横・高さを持つ3次元の具体的な存在であるため，② 被害軽減のための事前準備のための空間と ③ 災害時緊急対応のための空間を明確に区別することは難しい。災害直後に機能する ③ のための空間は，② の事前準備があって成立することも少なくないからである。したがって，ここでは二つを区別せず，③ 災害時緊急対応のための空間に ② 事前準備のための空間を含めて考えていきたい。

　図4.2は災害管理と関連する六つの空間事例を，災害対応の循環体系に対応させたものである。この図を用いて，災害対応の循環体系の各局面と空間との関係を簡単に述べてみたい。

【被害抑止の空間】

（ⅰ）　木造密集市街地を考慮した白鬚東防災拠点（東京都墨田区）（図1.2）

　江東デルタの木造密集市街地における危険性を懸念し，地区内で火災が発生した場合の延焼火災を抑止することを主目的として開発された。防災拠点として機能し，広域避難場所にも指定されている。

56   4. 災害に対応した都市・建築空間の考え方

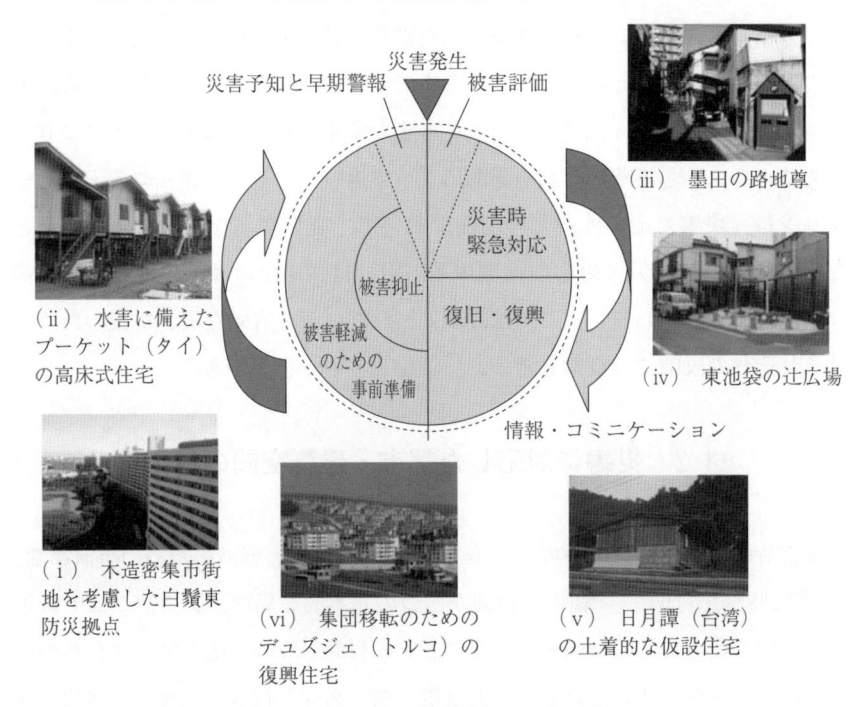

図 4.2 災害対応の循環体系と対応する空間

（ⅱ） 水害に備えたプーケットの高床式住宅（タイ）

2004年インド洋沖津波の後にNGOにより提供された住宅である。水害の多い地域でもあるため，高床式にして水害による浸水を抑止するとともに，床下の空間は日中の日差しの強さを避ける場としても機能している。

【災害時緊急対応の空間】

（ⅲ） 墨田の路地尊（東京都墨田区）[3]

墨田区の木造密集市街地における災害に対応するため，防災まちづくりの一環として設置された空間である。「地域のコミュニティの場であり，災害時には避難路になる路地を大切にしながら自分たちの手でまちを守ろう」という主旨のもと，路地の安全を守るシンボルとして設置された。ストリートファニチャー，水供給のための手押しポンプ，平常時の子供たちの遊び場などの機能も含まれている。

(ⅳ) 東池袋の辻広場（東京都豊島区）

東京都豊島区の東池袋4丁目，5丁目も地域危険度の高い地域である．各区画が狭く，土地が空いても十分なオープンスペースが期待できない．しかしながら，小さな広場を少しずつ確保していけば，いずれはそれを統合することで災害発生直後の対応において有効に機能するという考えにより，区と住民の協力のもとで造られているポケットパークである．

【復旧・復興の空間】
（ⅴ） 台湾の土着的な仮設住宅（台湾南投県魚池郷日月潭）

1999年台湾集集地震で被災した原住民サオ族の村で設営された仮設住宅である．現地でとれる竹を利用し，設計された．

（ⅵ） 集団移転のためのデュズジェの復興住宅（トルコ）

1999年のトルコのコジャエリ地震は，倒壊家屋がおよそ10万戸，死者がおよそ1万7千人という被害を出した．街は壊滅的な被害を受けたため，被災者のための大規模な復興住宅が各地に建設された．被災から復興という過程の中で，新たな街が出現することも少なくない．

ここでは六つの事例を取り上げて，被害抑止，災害時緊急対応，復旧・復興の空間について概略を述べた．各局面に対応した空間については後述する．

4.3 災害の分類

4.3.1 災害の種類

災害にもいろいろあるが，災害情報センター[4)]では，災害を**表4.1**のように整理している．災害対応の都市・建築空間を扱うからには，対応する災害を整理しなくてはならない．

3章で述べたように，わが国では各地で自然災害の脅威を軽減するための空間が創出されてきた．自然災害は，過去・現在・未来といつの時代においても，発生する可能性がある．一方で，事故災害（産業災害）は，例えばコンビ

表 4.1 災害の種類[4]

大項目	小項目
風水害	洪水, 強風, 豪雨, 高潮, 台風, 前線, 低気圧, 竜巻, 高波, 浸水, 湛水
異常気象	長雨, 旱魃, 乾燥, 濃霧, 冷害, 寒波, 熱波
雪・氷・雷	豪雪, 雪崩, 吹雪, 凍結, 落雷, 雹
地盤変動	山崩れ, 崖崩れ, 土石流, 地滑り, 陥没, 隆起, 落石, 落盤
地震	前震, 余震, 群発地震, 断層, 液状化現象, 津波
火山	火砕流, 溶岩流, 火山泥流, 火山弾, 火山灰, 噴気, 海底火山
爆発	ガス爆発, 蒸気爆発, 粉塵爆発, 破裂, 爆破
火災	大火, 放火
漏洩	ガス漏れ, 流出, 流失, 放出
中毒	食中毒, アルコール中毒, 被爆, ガス中毒, 酸欠, その他
崩壊破壊	崩壊, 破壊, 転倒, 飛来落下
故障	停電, システム
交通災害	自動車, 鉄道, 船舶, 航空機, 二輪車
その他災害	群集災害, 動物災害, 医療災害, 飢饉, 疫病
公害	汚染, 地盤沈下
ヒューマンエラー・人身災害	山岳遭難, おぼれ, 熱傷, 感電, 薬傷, 傷害
その他	犯罪, 戦争

ナート爆発が戦後の高度経済成長期の重産業重視の時代に多く発生していた事実からもわかるように，時代に固有の必要施設や土地利用，あるいは交通・流通手段に応じて変化していく。したがって，本書では，普遍性のある自然災害をおもな対象とする。ただし，日本の都市には木造密集市街地が多く存在し，また巨大地震による都市大火災のリスクは依然として高いため，ここでは自然災害とともに火災も取り扱うことにする。

4.3.2 風・水・火・地による災害分類

空間を設計する際に，災害による被害軽減を意図するならば，ハザードごとの被害発生メカニズムを理解しなくてはならない。そして，災害発生の初期段

階に，構造物もしくは生物に対して外力が働くことから始まる．例えば，震災には，構造物被害などのハード面から，支援物資不足や避難所運営の支障などのソフト面に至るまで多くの側面が含まれる．しかし，その被害の連鎖の中で建物などの構造物がまず果たすべき役割は，人間や家財が直接受ける外力による被害を抑止もしくは軽減することである．その外力を引き起こす自然現象は，基本的に固体的挙動，液体的挙動，気体的挙動に分かれる．また古来，物質は空気（風），水，火，土（地）の四つの元素から成ると考えられていた．空気（風），水，土（地）は，それぞれ気体的挙動，液体的挙動，固体的挙動と対応する．そして，火は熱と光を伴う気体的挙動の一つとしてとらえることができよう．

それぞれの災害は，その被害抑止，ときには直後の緊急対応において，これらの四大元素もしくはその組み合わせにより説明できると考えられる．そのため，ここではわが国で頻度高く発生する災害を，風，水，火，地に関する災害として，以下のように分類する．

A．風に関する災害： 暴風，台風，豪雨，潮風
W．水に関する災害： 津波，台風，豪雨，洪水，高潮，潮風，豪雪
F．火に関する災害： 火災，火山災害
E．地に関する災害： 地震，地盤変動，火山災害

この中で，例えば台風は「台風」として認識されている風水害の一種であるが，豪雨を伴う強風であり，風による災害と水による災害の両方の側面を持っている．被害抑止のメカニズムを理解するためには，このように災害を引き起こす外力の物質的性質に基づき分類したほうが都合がよい．

4.4 空間規模による分類

都市・建築空間といっても，防災に適した建築物内のある機能から災害抑止のための都市再開発まで，その規模はさまざまである．こうした空間の分類方法も正解があるわけではない．ここでは，災害対応の空間を，その規模や構成

要素の種類により，建築要素，建築単体，建築群（集落），社会基盤，ランドスケープの五つに分類しておこう。

• **建築要素**　近隣への延焼防止機能を持つうだつのように，災害軽減の機能を持つ建築物の部分。

• **建築単体**　浸水を避けるために造られた高床式の住宅のように，単体の建築として，災害に対応している空間。

• **建築群（集落）**　戦国期には防衛のために機能していた奈良県大和郡山市の環濠集落（図1.11）のように，建築群（集落）として防衛もしくは防災の機能を持った空間。

• **社会基盤**　国土の管理・保全や公共的な利便性や防災等を目的として整備された建築物以外の構造物。ダムや堤防など。

• **ランドスケープ**　防風林のように，構造物としての建築物とは一線を画する自然環境要素により創出された空間も存在する。このように構造物以外の景観を構成する都市空間や造園空間の諸要素をランドスケープと定義する。それらは，地形，緑地空間，水辺空間と関係している。

　図4.2に示した災害対応の循環体系に基づく各局面，対応する災害の種類，そして空間規模，これら三つの軸により，災害対応の空間がより体系的に意味づけられると考える。しかしながら，それらを体系的に説明していくためには数多くの事例に触れることが必要となるため，本書では基本的な考え方を示すにとどめたい。

5 被害を抑止する都市・建築空間

5.1 災害と被害抑止

以下では，イラストを使って各局面に対応した空間について述べていく。

図5.1は，ある地域におけるハザードと脆弱性の関係を示したものである。ここには山があり，その頂上にはいまにも転がり落ちてきそうな岩（ハザード）がある。この岩がもしも落ちてきた場合，山裾に立っている人は被害を受ける可能性が高いため，脆弱な状態にある。そのような状況にあるにもかかわらず，もしなんの対策もとらなかった場合，転がり落ちてきた岩により，この人は被害を受ける。これが災害である（**図5.2**）。

転がり落ちてきそうな岩のある周辺地域では，このような災害を防ぐために

図5.1 ハザードと脆弱性（© GK Kyoto）

図 5.2 災害の発生（© GK Kyoto）

物的環境を整備しておく必要がある。災害発生の可能性を軽減もしくは除去し，不可避の災害による影響を軽減することを目的として，おもに物的な環境要素に対して行われる活動が，被害抑止による防災対策であり，その結果整備された空間が，被害を抑止するための都市・建築空間である。被害を抑止するための空間整備の方法として，基本的な戦略が二つある。一つはおもに構造物によるものであり，もう一つは土地利用規制によるものである。

5.2 構造物による被害抑止のための空間

5.2.1 構造物による被害抑止

構造物による被害抑止（structural mitigation）とは，**図 5.3** に示すとおり，転がり落ちてくる岩（ハザード）ではびくともしないような頑丈な構造物により，生身のままでは脆弱な人々を守る方法である。地震に対する耐震化構造物（免震・制震構造物），出火・延焼を防ぐ耐火・防火構造物，洪水など水災害に対する高床式建築物，津波・高潮を抑止するための防波堤・防潮堤・防潮林，台風などの風害に対する防風林や石垣・重い屋根等が挙げられる。「構造物による被害抑止」をより広義にとらえるならば，「建築構造および空間システムによる被害抑止」といってもよいであろう。

5.2 構造物による被害抑止のための空間

図 5.3 構造物による被害抑止（強い家に住む，© GK Kyoto）

マーシャル・マクルーハンは，『メディア論』[1)]の中で**住宅**（housing）を「家族あるいは集団」のための「皮膚の拡張で，体温とエネルギーを蓄え伝えるもの」であり，「それがなければできないような多くの仕事をしてくれる」メディアとしてとらえた．つまり，人間には外部の攻撃から身を守る防衛本能が備わっているが，その身体的機能は衣服により拡張され，さらに住宅により拡張されるということである．古来，住宅は自然の中にさらされていた人間を守るシェルターとして機能してきた．都市が複雑なシステムとして機能している現代において，住宅にはさまざまな機能が付加されているが，シェルターとしての本質は変わらない．わが国において，戦乱の世の中が過去のものとなっている現在，外部の脅威として挙げられるのは災害である．災害という脅威から身を護るシェルターとしての機能が，本質的に構造物には求められる．

本章で対象としている被害抑止のための「建築構造および空間システム」とは，「地震などに強い堅固な構造，あるいは災害軽減に資するデザインもしくは機能のシステム」を指している．したがって，単に構造物の強度だけでなく，その形態，位置や配置，建築を構成する建築部材などの各要素，構造物が群として集まった場合の効果なども，各種災害に応じた被害抑止機能と関連してくる．

5.2.2 風害を抑止するための都市・建築空間

風によってもたらされる災害を風害と呼び，暴風や突風による建造物の倒壊，外装材・屋根・看板がはがれて飛ぶなど建築部材や工作物への損傷，人への被害などがある。強風のおもなものとしては，台風，竜巻，局地的な地形の影響で吹く地形性強風，積乱雲などの下降気流に起因するダウンバーストなどがある。台風のほか，強風を伴う高潮，潮風なども，水分を含む点を除けば，風害をもたらすハザードの一種と呼ぶことができる[2]。

日本における強風の多くは沿岸部で発生している。表面の滑らかな海のほうが，より地形の複雑な内陸よりも風が強くなるためである。そのため，沿岸部には風に対応した空間が多く見られる。

強風災害を防ぐためにすべきこととして，その到来を予測することと警報を発することがまず挙げられる。それにより，風の強い屋外に出ないことが重要である。そして，内部の人間や家財は建物などの構造物によって守られなくてはいけない。これが風からの被害抑止である。

風が吹いているとき，建物には風荷重(かぜかじゅう)がかかる。その風荷重は，建物の高さ，屋根の形状や勾配，地表面の粗さなどにより異なるため，建物を設計する際には，地域，建築環境，建物の高さ，屋根の形状・勾配を考慮しなくてはならない。風荷重が構造物の耐力を上回ったときに被害が生じる[3]。

風害を抑止するためには，以下のような方法がある。既出の空間を例に示してみよう。

① 防風林などの緩衝帯をつくる方法（緩衝帯をつくる）
　　例：能代の風の松原（図3.9），備瀬のフクギ並木（図3.10）
② 垣根，柵(さく)，塀(へい)などで風をさえぎる方法（さえぎる・囲う）
　　例：砺波平野の屋敷森（垣入）に囲まれた散居村集落（図3.11），輪島の間垣（図3.12），竹富島の石垣（図3.13）
③ 建造物が破壊されたり屋根が飛ばされたりしないようにしっかりと固める方法（固める）
　　例：竹富島の赤瓦屋根（図3.13）

④ 風上に面している建築面をふさぎ，窓などの破壊を防ぐ方法（閉じる）
⑤ 平面配置を工夫して風の力をかわす方法（かわす）
　　例：遠野の曲り家（図3.14）

5.2.3　水害を抑止するための都市・建築空間

　水害とは，「台風，梅雨前線，低気圧などによる多量の降雨が要因となって生ずる河川氾濫，内水氾濫，山崩れ，崖崩れ，土壌浸食，土砂流出，高潮あるいは異常高潮，地震に伴う津波などによって生ずる災害」[4]である。水に関するこれらの災害は，建物等に対するかかわり方やその時々の水の状態，あるいはかかわり方が直接的か間接的かによって変わってくる。例えば，台風，豪雨，洪水，高潮，津波などは，水が直接，建造物に被害を与える災害であり，山崩れ，崖崩れ，土壌浸食，土砂流出などは降雨が地に影響を与えることによって生ずる間接的な災害である。ここでは，水が直接，建造物に被害をもたらす災害を対象とする。

　わが国は周囲を海に囲まれており，四季がある。そのため，豪雨，豪雪，台風などの気象災害が多発する時季がある。台風や発達した低気圧が通過する際に，暴風や著しい気圧下降が起こると，海岸で水位が著しく上昇し，高潮が発生する。また，山地・山脈の多いわが国の河川勾配は急であり，そのため豪雨等により河川が急激に増水すると，河川水が街にあふれ，洪水となることが多い。そして，海に囲まれた地震多発国であるわが国では，近海で地震が発生することによる津波を多く経験してきた。このように水に関する災害も，わが国においては頻繁に発生してきた。

　ここで，水による災害のメカニズムを考えてみたい。降雨という現象は，上空から鉛直下方に向かって水が降り注ぐ現象である。建物内への水の侵入や透過を防ぐために建物には屋根をかけ，防水加工をする必要がある。この重力による鉛直下方への力は，風を伴うことにより斜め方向から，あるいは真横から作用することもある。このような風と水を伴う災害として台風，潮風，高潮などが挙げられる。豪雨そのものは，「激しい勢いで大量に降る雨」のことであ

5. 被害を抑止する都市・建築空間

るが，強い風を伴うことも多い。これらを風水害と呼ぶが，風水害を防ぐためには，その素因である風と水の性質を考慮する必要がある。風による災害については前項で述べたとおりである。

上空から降る大量の雨や雪解け水によって河川の水量が著しく増加した場合や，河川が堤防から氾濫して水が流出した場合には，洪水となる。洪水は基本的に建物周辺の水位が上昇し，土地が浸水する現象である。洪水の危険性の高い地域では，タイの高床式住宅（図4.2）のように，しばしば高床式の建物が建てられる。

アメリカ南部に目を向けよう。ルイジアナ州のニューオーリンズは低地であり，ミシシッピ河の氾濫，高潮，大型ハリケーンに襲われやすく，各地に洪水対策用の仕組みが施されている。図5.4, 図5.5はそれぞれフレンチクォーターとナインスワードの防水壁である。2005年8月のハリケーン「カトリーナ」で大きな被害を受けたナインスワードは，このような数kmに渡る防水壁により囲われており，河川の氾濫を防いでいる。また，ハリケーン「カトリーナ」で被災した後，2008年3月にはビル・クリントン元大統領と俳優のブラッド・ピットの呼びかけにより Make it Right re-building project が始まり，多くの建築家が水害を防ぐ高床式住宅を設計し，新たな町を形成している（図5.6）。

図5.4 フレンチクォーターの防水壁（アメリカ）

図5.5 ナインスワードの防水壁（アメリカ）

5.2 構造物による被害抑止のための空間　67

図 5.6 Make it Right re-building project
による高床式住宅（アメリカ）

5.2.4 雪害を抑止するための都市・建築空間

　降雨の状態の延長として，下降してくる水分が上空で冷やされ，氷の結晶となって降ってくる現象が降雪である。雨の場合，屋根に降り注いだ水分はそこでいったん反射・拡散し，液体としてすぐに地面に向かって流れ落ちる。しかしながら雪の場合は，屋根の上に降り積もり，建物に負荷をかける。また，建物の地面等に高く降り積もった雪により，そこを利用している人々の生活も時として支障をきたす。これが雪害である。

　豪雪地帯では屋根を急勾配にして，積雪を緩和する屋根形状を設けることがある。このような集落は白川郷集落（図 1.6）などで見られる。また，菅沼の合掌造り集落（図 3.17）では，建物形状による豪雪対策のほかに，近くに防雪林を設けて雪害を軽減している。**図 5.7** はマサチューセッツ州西部のピッツフィールドにあるハンコックシェイカーヴィレッジ（シェイカー教徒が集団生活をしていた村）の建物の屋根である。雪の多い地域であるため，建物のまわりを日本の雁木造りのように雪よけ用の屋根で囲い，屋根には落雪防止用の雪止めが見られる。**図 5.8** は長岡市にある雁木造りの町並みである。

68　5. 被害を抑止する都市・建築空間

図5.7　ハンコック・シェイカー
　　　　ヴィレッジの雪よけ用屋根
　　　　（アメリカ）

図5.8　長岡の雁木造りの町並み
　　　　（新潟県）

5.2.5　津波を抑止するための都市・建築空間

　水と関連する災害の中で，津波は海から陸へと横方向に水が押し寄せてくる現象である。津波がいったん沿岸部の集落に押し寄せると，続いて海に向かって引いていく。この過程においては，横からの水の圧力のみならず，下から上への浮力によって構造物が破壊される場合もある。また，比較的津波被害の小さな地域でも浸水により被害を受ける。津波は，水に関する災害の中でも横方向から大きな力がかかり，時として集落全体に甚大な被害を与えてしまうほどの脅威となる。

　2011年東北地方太平洋沖地震により，三陸および福島県北部の沿岸地域が壊滅的被害を受けた。中でも，10mもの防潮堤により津波対策を施していた宮古市田老町で，想定を超える津波が押し寄せたがために，明治あるいは昭和の三陸大津波と同様の被害を受けたことは，遺憾にたえない。しかしそれでも，比較的頻繁に発生する想定内の津波を物的な環境づくりにより抑止することは重要である。ある程度までの津波被害は物的環境を制御する被害抑止（ハード防災）による方法で防ぎ，それと並行して避難ルートの確保や津波警

5.2 構造物による被害抑止のための空間　69

報の整備など被害軽減のための事前準備（ソフト防災）をしておくことにより，総合的に被害軽減策を講じることが重要である。

津波による建物への被害を抑止するためには，その立地および配置，周辺の空地の利用法，建物形態などの制御が考えられる。具体的にはつぎのような策がとられる（**図 5.9**）[5]。

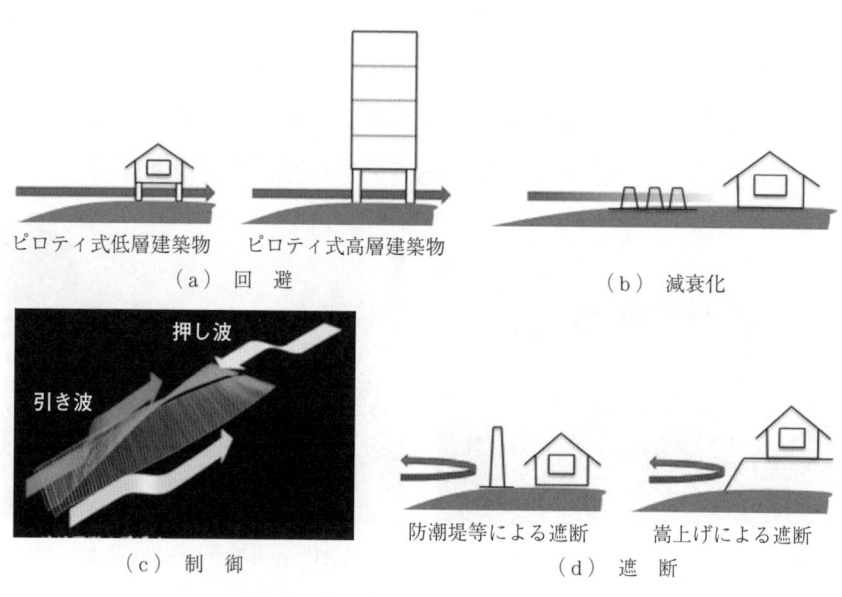

図 5.9　津波被害を抑止するための方法

- ピロティ（1階を柱のみとする建築様式）などにより津波の力をかわす方法（津波を回避する）
- 緩衝帯や障害物あるいは周辺の土地形態をうまく設計することにより津波の力を弱める方法（津波の力を減衰する）
- 建造物の配置や周辺の敷地の仕様により津波の流れを制御する方法（津波の流れを制御する）
- 防潮堤などある程度の高さを持った強固な構造物により津波を食い止める方法（津波を遮断する）

洪水等と同じように，津波のエネルギーを受け流すために，1階部分をピロ

ティにしている構造物は多い。インドネシアのアチェは2004年インド洋津波により甚大な被害を受けた。その復興過程において、沿岸部に住み続ける住民のためにNGOはピロティ式の住宅を提供している。また、NGOの支援を受けずに津波被害を軽減するよう設計された個人住宅もある（図5.10）。ハワイ島のヒロは1946年アリューシャン津波と1960年チリ津波により沿岸部の街が被害を受けた。1960年の津波では周辺の建物が大きな被害を受けたにもかかわらず、1階部分にピロティ状の駐車場を有していた日本食レストランは軽微な被害しか受けなかった（図5.11）。ある程度までの高さの津波であれば、ピロティ形状構造物が津波被害を軽減することが実証されたのである。

図5.10　津波災害に備えたアチェの個人住宅（インドネシア）

図5.11　1960年チリ津波で被害を受けなかったヒロのレストラン（アメリカ）

5.2.6　延焼火災を抑止するための都市・建築空間

火災は、木と紙の建築文化を持つわが国において、非常に身近な災害であった。火災とは「人の意図に反して発生若しくは拡大し、又は放火により発生して消火の必要がある燃焼現象であって、これを消火するために消防施設またこれと同程度の効果があるものの利用を必要とするもの、又は人の意図に反して発生し若しくは拡大した爆発現象（消防組織法22条に基づく火災報告取扱要領第1総則）」である。そして、その規模に応じて、つぎのように区分される[6]。

　小火：　建物、造作又は動産の焼損程度が僅少（きん）

5.2 構造物による被害抑止のための空間

小火災： 焼失延面積 330 m² 未満
中火災： 50 棟未満又は焼失延面積 3 300 m² 未満
大火災： 500 棟未満又は焼失延面積 33 000 m² 未満
大火： 大火災の範囲以上

　火災を止めるには，まず出火させないことが第一であるが，万が一出火し，それを消火できなかった場合，隣家への飛び火を防ぐために建物自体に防火対策を施す必要がある。そのためには，耐火建築物にしたり，防火区画をつくったりするという方法がある。また，設備系により防災機能を持たせる方法もある。うだつ（図3.5）は，建築ボキャブラリーとして隣棟への飛び火を防ぐために考えられた壁である。

　また，丸の内，銀座，築地あたりを焼け野原とした1872年銀座大火の後につくられた銀座レンガ街（図3.3，図3.4）は，耐火構造物により街全体に防火対策を施した開発であった。

　一度建物が出火すると飛び火の可能性が出てくる。飛び火とは，出火した建物から吹き上げる火炎あるいは火の粉が，風や熱気流に乗り，他の建物に付着する現象である。火が隣家に飛び火し，それがさらに延焼すると都市大火に発展することがある。飛び火した延焼火災の例として，1940年の静岡の大火，1976年の酒田の大火などが挙げられる。それを防ぐためには延焼遮断帯と呼ばれる延焼を抑止する空間システムが必要となる。一つ例を挙げておこう。

　1976年10月29日の午後5時40分頃，山形県酒田市の繁華街の一角にある木造建て映画館から出火し，隣接する耐火構造のデパートに延焼した。延焼は翌日午前4時30分に阻止され，破壊消防を含むさまざまな焼け止まり要因と幅70 mの河川沿いでの防火線などが有効に働き，被害は限られた範囲で収まった[7]。**図5.12**は酒田の大火延焼動態図である。その焼け止まりの要因として，有効注水またはバケツ消防，破壊消防，大火建物と土蔵，空地，道路・河川，そして樹木が挙げられている。

　現在，延焼遮断帯はつぎのように区分されている[8]。

72   5. 被害を抑止する都市・建築空間

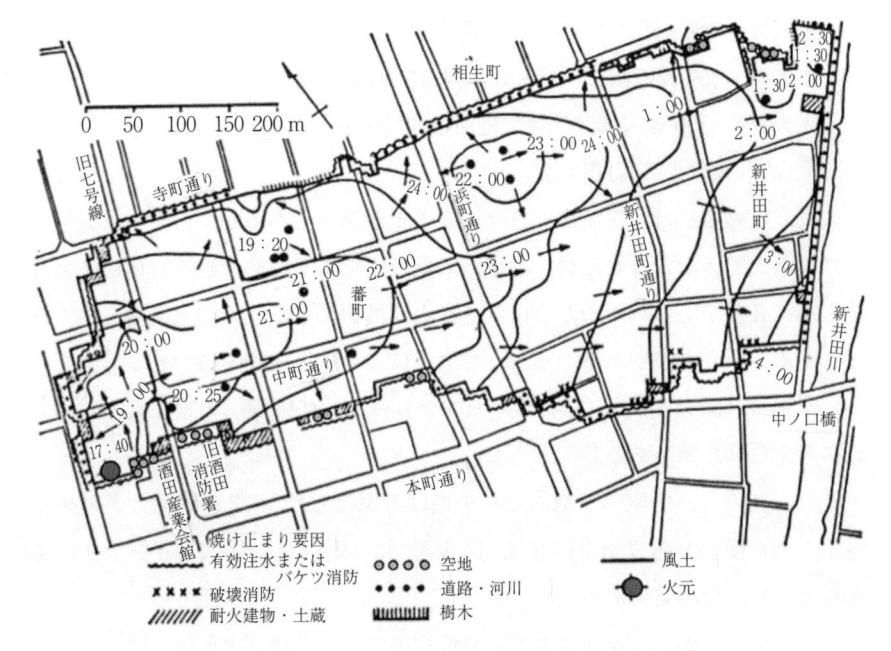

図 5.12 酒田の大火延焼動態図（文献 7）に著者加筆）

【延焼遮断帯の区分（防災上の重要度）】

骨格防災軸（参考値： 約 3〜4 km メッシュ）
- 広域的な都市構造から見て，骨格的な防災軸の形成を図るべき路線
    - 主要な幹線道路（広域幹線道路および広幅員の骨格幹線道路）
    - 江戸川，荒川，隅田川および多摩川（川幅の大きな河川）

主要延焼遮断帯（参考値： 約 2 km メッシュ）
- 骨格防災軸に囲まれた区域内で，特に整備の重要度が高いと考えられるもの
    - 幹線道路（骨格防災軸間を二分する骨格幹線道路）

一般延焼遮断帯（参考値： 約 1 km メッシュ）
- 上記以外で，防災生活圏を構成する延焼遮断帯
    - 上記以外の道路，河川，鉄道等

5.2 構造物による被害抑止のための空間　73

　このように個々の建物の耐火構造化，そして延焼遮断帯による都市防火構造の促進により，延焼火災の危険の低い都市構造が期待できる（**図 5.13**）。既出の延焼抑止の空間としては，江戸時代の火除地（図 3.6）や白鬚東防災拠点の都営アパート群（図 1.2，図 4.2）が挙げられる。

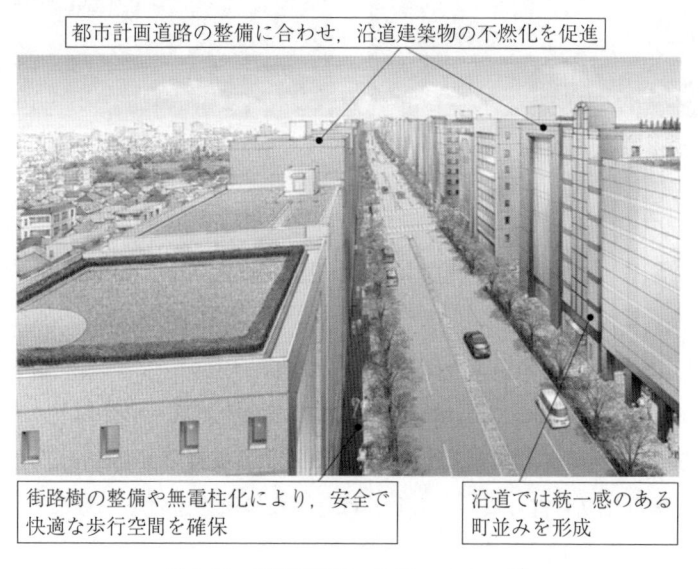

都市計画道路の整備に合わせ，沿道建築物の不燃化を促進

街路樹の整備や無電柱化により，安全で快適な歩行空間を確保

沿道では統一感のある町並みを形成

図 5.13　延焼遮断帯の整備のイメージ[8]

5.2.7　火山土石流を抑止するための都市・建築空間

　1990 年の噴火から 1995 年まで続いた雲仙普賢岳の火山活動は島原市と深江町に大きな被害をもたらした。特に火砕流と火山灰による土石流により，水無川と住宅地が大きな被害を受けた。水無川にはその後，土石流を防ぐための大規模な砂防ダム（**図 5.14**）が整備され，被災した住宅群は新たに嵩上げされた土地に移転された（**図 5.15**）。土石流に対する被害抑止策は図 5.9 で示した津波災害に対する抑止策に通ずるところもある。

74　5. 被害を抑止する都市・建築空間

図 5.14　雲仙普賢岳の砂防ダム（長崎県）

図 5.15　嵩上げされた仁田団地（長崎県）

5.3　土地利用規制による被害抑止のための空間

5.3.1　土地利用規制による被害抑止

構造物による被害抑止が，建築物や土木構造物の強度や形態により抑止力を高める方法であったのに対し，**土地利用規制による被害抑止**（landuse mitigation）は危険な場所に立ち寄らない，もしくは危険な場所を避けて（離れて）住まうことである。**図 5.16** では岩の落ちてきそうな脆弱な（vulnerable）場所を離れ，人と岩（hazard）との間に**緩衝帯**（buffer zone）を設けている。

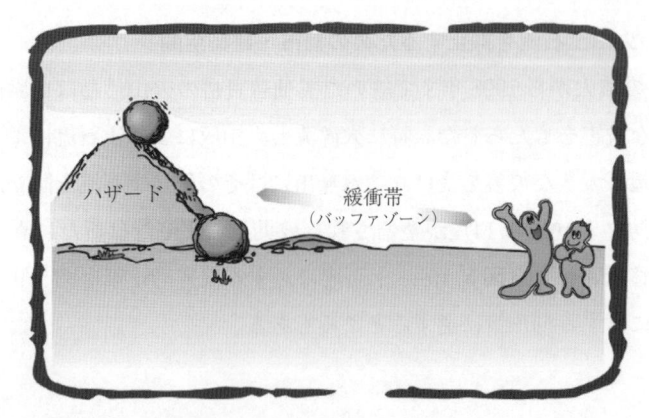

図 5.16　土地利用規制による被害抑止（災害の原因から離れる，
Ⓒ GK Kyoto）

日々の行動の中で危険な場所を避ける行為は，基本的に一人ひとりの自由意志に委ねるべきものではあるが，住宅地の開発など都市計画的な話になると，法的規制がかかることになる。これらは災害に見舞われる可能性のある場所を避けて住むために実施され，例えば活断層上の建築制限や，津波被害を避けるための沿岸保全地帯の設定，火砕流や地盤災害危険区域での規制などが挙げられる。

5.3.2 活断層上の土地利用規制

1999年台湾集集地震では，台湾を南北に走る車籠埔断層が8 mから10 mほど動き，断層上の構造物が崩壊した。図5.17は断層により崩壊した石岡ダムである。この地震の後，台湾政府は車籠埔断層の地表断層線沿いの両側15 m地帯に建築制限をかけた。また，米国のカリフォルニア州やニュージーランドでも，活断層上の建築制限に関する規制がある。

図5.17 断層により崩壊した石岡ダム
（台湾）

活断層上の建築規制は日本にもある。例えば横須賀市では，土地利用基本条例をはじめとする土地利用調整関連条例を整備しており，その中で防災に配慮した土地利用の基準を設け，斜面地や活断層上周辺の危険区域における開発や建築を規制している[9]。また，2011年東北地方太平洋沖地震による福島第一原発事故を受けた後，原子力発電所周辺の活断層について関心が高まり，現在も

その扱いについて議論が続いている。

5.3.3 津波危険区域における土地利用規制

津波に話を移そう。2004年インド洋津波により，スリランカも大規模な被害を受けた。サイクロンによる被害の多いスリランカでは，1981年のThe Coast Conservation Act No. 57 of 1981により，「満潮時の海岸線から陸のほうへ300mと干潮時の海岸線から海の方へ2kmの地帯」が沿岸保全帯（coastal conservation (buffer) zone, CCZ）に定められ，その地帯の建築が規制されていた（**図5.18**）。基本的には住居等は建築してはならず，沿岸部には公園や観光施設，ホテル，産業施設等しか建てられないということが示されている。しかしながら，それは遵守されておらず，津波により多くの建物被害を出した。スリランカ政府はその状況を改善すべく，復興過程の中で**表5.1**のような沿岸保全帯に関する復興指針を公開した[10]。この方針により，かつて多くの住宅が立地していた地区（**図5.19**）が公園等に生まれ変わろうとしている（**図5.20**）。

5.2.5項で取り上げたハワイ島のヒロでは，2度にわたる津波の後で，被災した沿岸部の建物をすべて移転させ，沿岸緑地帯として整備した（**図5.21**）[11]。その結果，現在は美しい公園となり，この地区のランドマークとなっている（**図5.22**）。

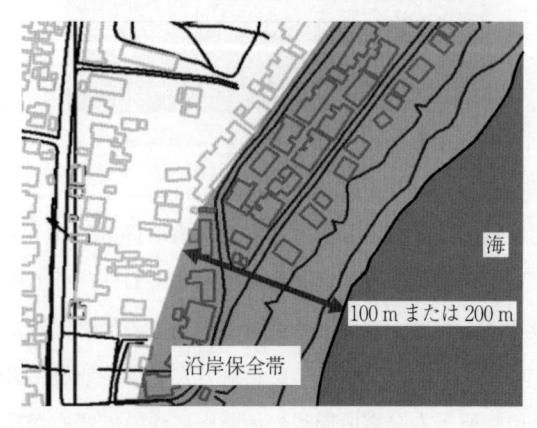

図5.18 スリランカの沿岸保全帯

5.3 土地利用規制による被害抑止のための空間

表 5.1 沿岸保全帯に関する復興指針

	a	b
Land Strip	1st Land Strip	2nd Land Strip
Zone 01 ポイントペドロからポイントドンドラまでの西側半分の沿岸地帯	海岸線から 100 m 地帯 (0 〜 100 m)	101 〜 1 000 m
	ただし，CCD（沿岸保全局）の沿岸地帯マネージメント・プランに指定されている 10 地域については，別の規制を適用する。	
Zone 02 サイクロンが多発する東部地域 ポイントペドロからポイントドンドラまでの東側半分の沿岸地帯	海岸線から 200 m 地帯 (0 〜 200 m)	201 〜 1 000 m
一般ガイドライン (general guidelines for the planning)	どのような用途であれ，建物の新築を禁止する。港湾，港，灯台など産業活動と深く関連する施設はこの限りではない。 現存している建物については，被害の有無にかかわらず，つぎの事項が適用される。 1. 歴史的記念物および建築的価値の高い建物は残される。 2. 観光と関連する構造物は状況に応じて残ることが認められる場合もある。 すなわち，すべての基盤施設を新たな要求を満たすように再整備しなくてはならない。	この地帯は，以下の内容を考慮した地帯である。 1. 歴史的記念物および建築的価値の高い建物 2. 産業活動と深く関連する港湾，港 3. ホテルおよびレストラン 4. 波止場およびその付随施設 5. 当該地区を活動拠点としている漁業集落 農業，特に伐採業は奨励される。この地区にある沿岸鉄道および主要道路はさらに内陸に移設される必要がある。
特別ガイドライン (specific guidelines for the planning)	この地帯には歴史的記念物および建築的価値のある建物のみを残すのが理想である。それと同時に土地の大部分は，公的用途と緩衝帯としての機能を有する緑地で覆われるべきである。しかしながら，それが困難でまた実現が難しいときは，以下の特別ガイドラインが適用される。 1. 構造物を新築することは認	この地帯には歴史的記念物および建築的価値のある建物のみを残すのが理想である。それと同時に土地の大部分は，公的用途と緩衝帯としての機能を有する緑地で覆われるべきである。しかしながら，それが困難でまた実現が難しいときは，以下の特別ガイドラインが適用される。 1. 地区に適した商業施設は認

表5.1 (続き)

	a	b
	められない。 2. 標高3m以上の高さに立地している大被害を免れた公共建築，商業建築は，移転しなくてもよい。 3. 新築する必要のある場合は，可能な限り，2nd Land Stripより内陸に移転しなくてはいけない。	められる。 2. 大被害を受けた建物は，可能な限り，2nd Land Stripより内陸に移転しなくてはいけない。
認可された土地利用 (permissible land uses)	1. 沿岸保全のための緑地および公園 2. 沿岸保全のための構造物 3. 港，漁業用波止場，およびそれらと関連する開発港，埠頭，停泊所，倉庫，その他水産業と関連する施設 4. 歴史的記念物および考古学的土地利用 5. CCDに認可された農業 6. 必要な社会基盤施設	1. 関連する地域開発計画のもとで，すべての土地利用が認められる。

図5.19 ハンバントタ沿岸部の住宅地被災状況（スリランカ）（2005年2月撮影）

図5.20 公園整備が進められているハンバントタ沿岸部（スリランカ）（2012年12月撮影）

5.3 土地利用規制による被害抑止のための空間   79

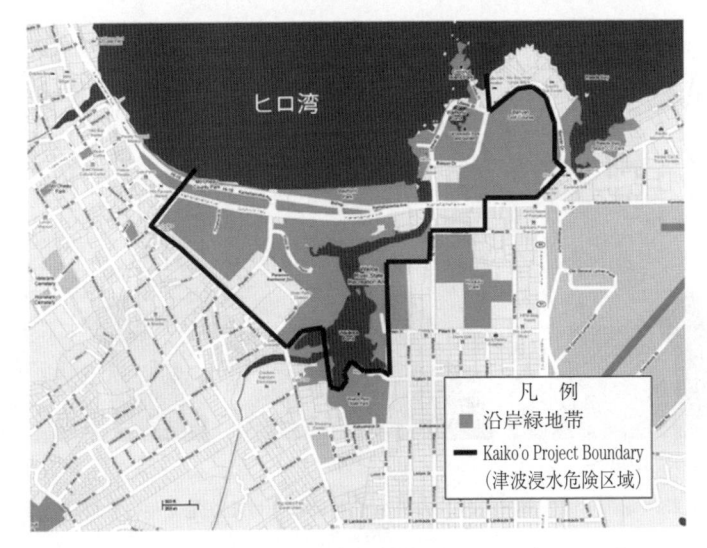

図5.21 ヒロの沿岸緑地帯と津波浸水危険区域（アメリカ）
（文献11）に基づいて著者作成）

図5.22 ヒロの沿岸緑地帯
（アメリカ）

　東日本大震災では，三陸海岸沿いに立地している建物の多くが，津波により流出した。三陸沿岸地域は，1896年明治三陸大津波，1933年昭和三陸大津波，そして1960年チリ津波と過去に幾度もの津波被害を受けてきた津波常襲地域である。1933年の津波の後，政府は高台に復興住宅地を開発し，沿岸部近くに住んでいた居住者を移転させた。しかしながら，土地の所有権を住民から買い取ることまではしなかったため，20世紀末までには再び低地に住宅が並び建つようになった（**図5.23**)[12]。そして，2011年3月11日に再び被害を受け

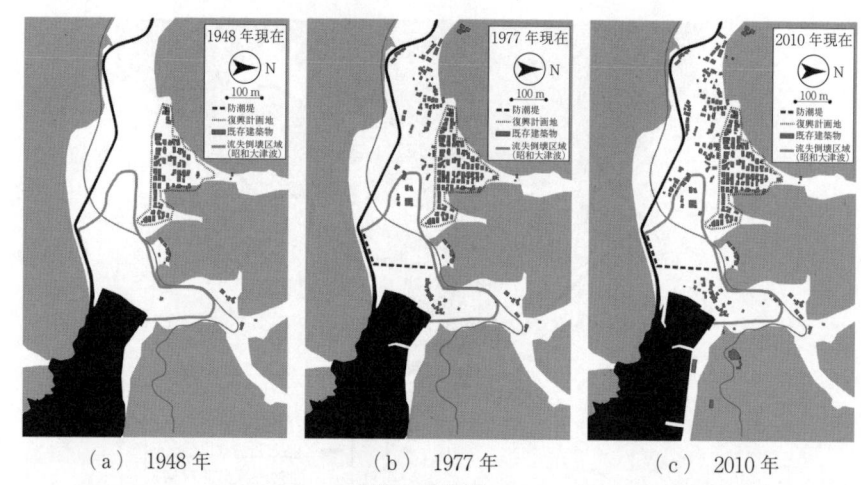

(a) 1948 年　　　　(b) 1977 年　　　　(c) 2010 年

図 5.23 昭和三陸大津波後の旧鵜住居村 両石における住宅立地の変遷（岩手県）

てしまったのである。

　現在，東北の各地で復興が進められている。高台移転は，最も確実な津波被害抑止の方法であるが，土地の確保，予算措置，地区内住民の合意形成など数多くの問題も残されている。これまでの経験を踏まえつつ，21世紀の沿岸部にどのような街ができていくのか，見守っていく必要があろう。

　前節と本節において，構造物による被害抑止と土地利用規制による被害抑止

図 5.24 構造物と土地利用規制による被害抑止（Ⓒ GK Kyoto）

について概要を述べた。**図 5.24** はその両者を合わせた被害抑止である。「地震災害を対象とするのであれば，活断層の近くから離れ，耐震性のある建築物に住みなさい」ということになる。また，津波災害を対象とするのであれば，「海岸線から数百 m 離れ，万が一の津波遡上に備え，津波を回避するデザインを施しておきなさい」ということになる。二つの側面から被害抑止を考えておいたほうがよい。

6 緊急対応のための都市・建築空間

6.1 被害軽減のための事前準備

　外力が都市の有する被害抑止力を超えた場合，被害軽減のための事前準備が生きてくる。まずここで，ハード防災としての「被害抑止」とソフト防災としての「被害軽減のための事前準備」の違いを明確にしておきたい。

　図 6.1 は，都市と災害対策の関係を津波防災に例えて表した模式図である。ここには津波という外力が発生する海と，沿岸に広がる都市と，その境界線（防衛線）上に建設された防潮堤の断面が示されている。

　あるとき，この都市に津波が襲ってきたとしても，その津波の高さがこの防潮堤の高さよりも小さいならば，都市は被害を受けずに済む（図(a)）。すなわち，この防潮堤は津波による街の被害を抑止するために機能したのである。

　しかしながら，津波が防潮堤の高さよりも大きいとき，その抑止力は効かず，津波は防潮堤を超えて都市に被害を与える（図(b)）。

　この大きな津波による被害を軽減するためには，二つの方法が考えられる。まず一つは，既存の防潮堤よりも高い防潮堤を建設することである（図(c)）。それにより，ある程度までの規模の津波であれば街への浸水を食い止めることができる。このような対策が「被害抑止」である。それを実施するには構造物を強くするなど物的環境を制御する必要があるため，時としてハード防災とも呼ばれ，費用と時間の両方のコストが多くかかる手法である。また，海への眺望を損なう構造物でもあるため，地域住民の反対を受けることもあり，合意形

6.1 被害軽減のための事前準備

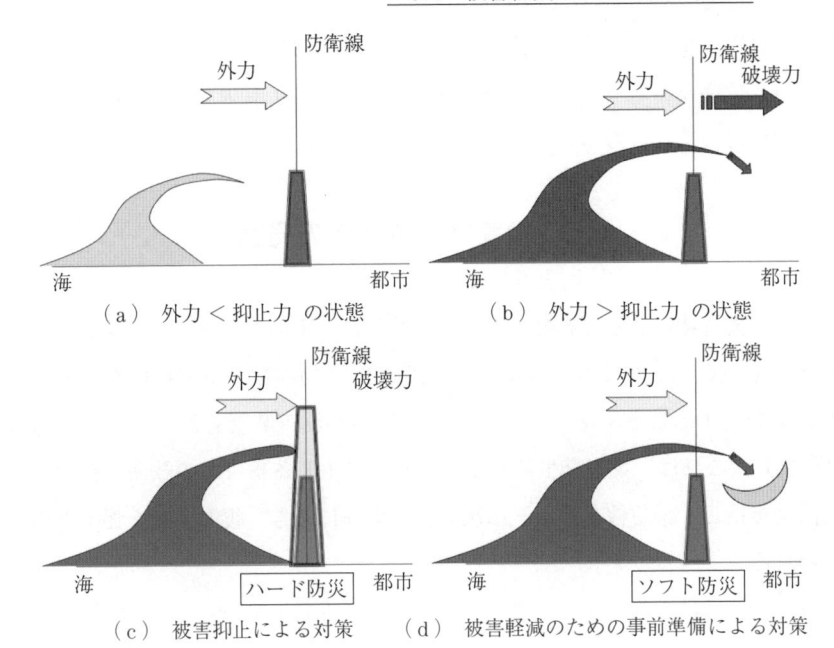

図6.1 被害抑止と被害軽減のための事前準備の比較

(a) 外力 < 抑止力 の状態
(b) 外力 > 抑止力 の状態
(c) 被害抑止による対策
(d) 被害軽減のための事前準備による対策

成の難しい場合もある。このような対策をすることにより，ある程度までの外力に対しては建物被害も人的被害も防ぐことができるが，当然のことながら外力が抑止力を上回る場合には機能しない。より大きな外力を抑止しようとするならば，より強固な構造物を建設する必要が出てくる。しかしながら，そのような大きな外力が発生する頻度は相対的に少なくなるため，地域の経済力と，想定されるリスクに対する費用対効果をよく検討する必要がある。

　もう一つの手法は，既存の防潮堤の抑止力を超えた津波が発生したときになるべく被害が少なくなるよう，事前に準備しておくことである（図(d)）。この場合，防潮堤を超えた津波は街の建物等を破壊することも考えられる。しかし，津波が来襲することを事前に予測し，最低限必要なものを持って避難することができれば，大切な人命まで失うことは避けられる。そのためには，警報装置を設置しておくとか，適切に逃げられるよう避難ルートを確認しておくとか，あるいは津波が来襲したときにすぐに貴重品を持ち出せるようにしておく

など，日頃の準備が大切である。このような減災対策が「被害軽減のための事前準備」である。おもに物的環境を制御する被害抑止対策がハード防災と呼ばれるのに対して，こちらはソフト防災と呼ばれる。

6.2 災害時緊急対応の局面

　外力が構造物による被害抑止力を超えた際に，事前の準備により死者の発生を食い止めることができればよいが（図6.2），物的被害や重軽傷などの人的被害が発生することもある。そのような状況が災害時緊急対応の局面である（図6.3）。これは，災害発生時あるいは直後に生じる被災者の救命・救助・救援活動を指し，緊急性を伴う。二次災害を事前に防ぎ，復旧活動を促すために行われる。

　事前の準備は，危機が迫っている際または災害発生後の救命・救助活動においても，被害を最小限に抑えるために機能しなくてはならない。被害軽減のための事前準備には，災害または緊急事態が発生した際の対応計画とその実効力を高めるための作業がある。ここでは，緊急時に必要な活動を促す空間を緊急対応の都市・建築空間と定義する。

図6.2　被害軽減のための事前準備（被害を軽くする，Ⓒ GK Kyoto）

図 6.3 災害時緊急対応（© GK Kyoto）

　災害直後に適切に機能する空間は，事前に計画的に設置し，その機能が十分に果たせるよう整備し，避難訓練や防災訓練などの活動を通して緊急対応行動が円滑に進められるよう日頃から準備しておく必要がある。建物倒壊等により人が生き埋めになっている場合や，出火して延焼を食い止めなくてはならない場合には，救命救助および消火活動のために道路の整備が必要になる。その際には消防・救急車両が安全・円滑に通行できるよう，幅員6m未満の道路の隅部を隅切りするなどの対策を施しておかねばならない。しかし，緊急対応時に最も重要なことは，被害が最小限にとどまるよう一人ひとりが危険を避けることであり，それは避難の問題となる。

6.3　緊急避難と収容避難

　自治体の職員や住民と地域における災害時の避難について話し合う機会があるが，おのおのがさまざまな意味で「避難」という言葉を用いており，時として話がかみ合わないまま議論が進んでいくことがある。「避難」という言葉の持つ意味合いは，災害後の局面や災害の種類に応じて変わってくる。まずは，局面に応じた二つの避難について述べる。

　一つ目の「避難」は目前に迫ってくる脅威から逃げること，あるいは危険性

の高い場所を避けることであり，これを**緊急避難**[1]（evacuation）という。

「緊急避難」には，屋内で火災が発生した際の屋外への避難，延焼火災の際の広域避難地への避難，洪水・高潮・津波からの避難，土砂災害の危険地からの避難などがある。緊急避難を円滑に進めるためには，避難路や避難地を事前に選定し，住民に周知するとともに，避難のための時間が十分にとれるよう避難勧告の基準と警報装置網をしっかりと整備しておく必要がある。

もう一つの避難は**収容避難**[1]（sheltering）である。緊急避難が無事に遂行され，地震による建物倒壊や，津波，火災などの突発的外力から被害を受ける可能性がなくなった後には，身を置く場所が重要になってくる。被災により，居住地に戻れなくなった際に，一時的に公共施設等に避難することが「収容避難」である。災害の発生から数時間もしくは数日が経過した後の一定期間，避難者は「収容避難」をしている場所で，家族の安否確認や関連情報の収集を行い，支援物資による最低限の生活を送ることになる。

6.4 緊急避難のための都市・建築空間

目前に迫ってくる脅威を避けることが緊急避難であるが，それはハザードの特性に応じて変わってくる。以下に，火災，地震，津波，風水害，火山災害が発生した場合の緊急避難について述べる。

6.4.1 火災発生時の緊急避難に応じた都市・建築空間

火災が発生した場合，火の気が広がらないうちに消火することが第一である。しかし，その火が部屋の天井まで達するとあっという間に建物全体に燃え広がるため，煙に気をつけて屋外に出ることが最初の緊急避難である。建物全体に燃え広がってしまうと，個人で火を消すことは不可能であるため，消防隊を呼ぶことになる。そして，出火した建物は周辺建物に燃え移る可能性があるため，「一時集合場所」あるいは「一時避難場所」と呼ばれる小中学校や近くの公園などに集まり，様子を見る必要がある。その地域が木造住宅の密集市街

地である場合，特に地震時に建物が倒壊して瓦礫となった場合などは，延焼火災の危険性も高まる．その際には，延焼遮断帯で囲まれた十分な空間のある避難場所に逃げなくてはならない．そこで鎮火を待つことになる．

このような緊急避難ができるよう，**図6.4**のような防災を考慮した都市構造システムを確保することが望ましい．

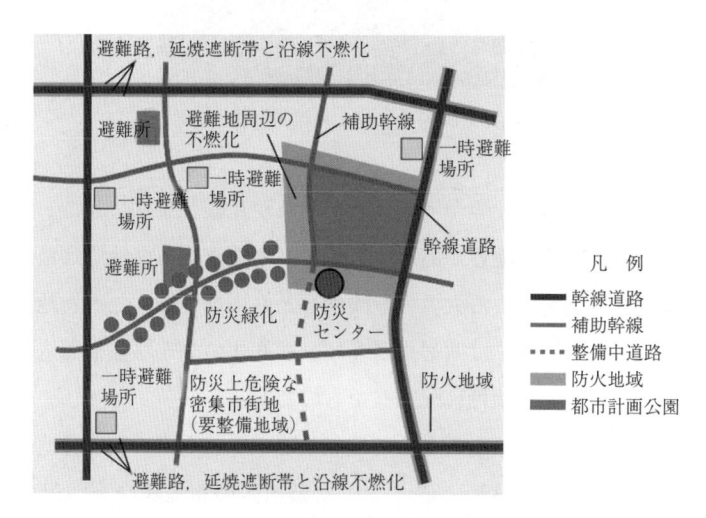

図6.4 防災都市構造のイメージ（国土交通省）

6.4.2 地震発生時の緊急避難に応じた都市・建築空間

地震は他の災害と比べて，突発性がきわめて高い．まず，揺れを感じたら家具転倒による被害を避け，場合によっては建物が倒壊する前に表に出て，かつ余震による影響も受けない場所まで避難する必要がある．地震は地域全体を襲い，面的あるいは高層ビルがある場合などは3次元的に影響を与えるため，影響を受けない場所に逃げることは難しい．したがって，まわりを見渡し，揺れや液状化による物的破壊（建物倒壊，屋根や看板の落下など）の影響を受けない場所まで逃げることになる．ペルーの建物内では，利用者に地震発生時の避難空間を知らせるため，室内の柱や構造壁に，そこが安全な領域であることを示す「S」の字のサインを掲示している（**図6.5**）．

88   6. 緊急対応のための都市・建築空間

図 6.5　ペルーのホテルに掲示されている「S」サイン

　特に地震により木造家屋等が倒壊するとそれが瓦礫となり，どこかで出火があると，延焼していく危険性がある。そして，木造密集市街地では地震による建物倒壊危険性も延焼による火災の危険性もともに高くなるため，地震発生時と火災発生時の緊急避難には共通点が多い。図 6.4 のような都市構造は建物倒壊と延焼火災の両方の危険性に配慮したものである。
　地震や火災時の一時避難場所として機能するポケットパークは各地にある。既出のものとしては，4.2 節で取り上げた墨田区の路地尊や東池袋の辻広場（図 4.2）などがあり，住民と行政との関係の中で，いざという時のために整備されている。

6.4.3　津波発生時の緊急避難に応じた都市・建築空間

　沿岸地域の沖合で地震が発生した場合，津波が発生することがある。震源の位置によって津波が来襲するまで時間は異なるが，仮にそれが 10 分程度であったとしても，突発的な地震の発生に比べれば，避難するための時間は長い。まして，それが数時間あるのであれば，自治体が避難勧告をして，住民が避難をする時間は十分にある。津波からの緊急避難は，津波が遡上しない場所まで逃げることである。
　図 6.6 には内閣府による津波避難の考え方[2]が示されている。これは以下のような方針である。

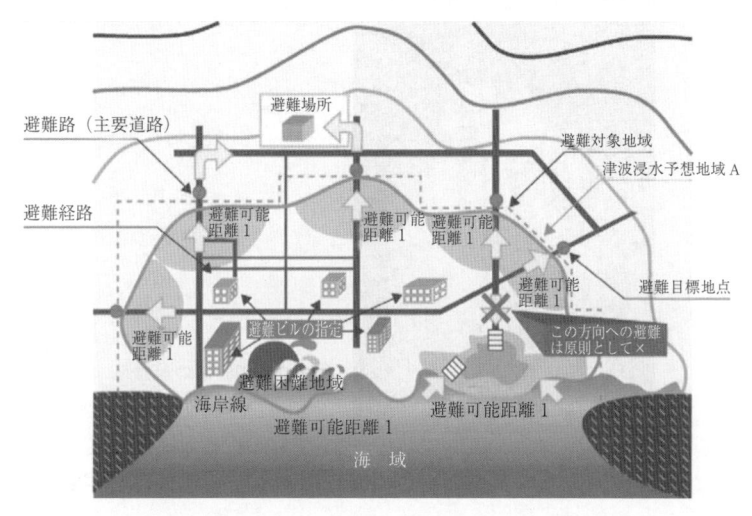

図6.6 津波による避難困難地域の抽出の考え方[2]

- 浸水危険地域にいる場合は，津波に巻き込まれぬよう避難しなくてはならないが，十分な時間がある場合は避難路を通り，危険地域外の避難場所に避難する。
- 津波が来襲するまでに危険地域外に避難することが困難な場合もあるので，その際には浸水危険地域内の十分な高さのある高台に避難するか，津波避難ビルとして指定された建物に避難する。
- ただし，原則として海に向かう行動をとってはいけない。

ここで津波避難において重要な空間要素を三つ挙げておきたい。一つは避難場所，つぎに避難経路，そして津波避難をするための施設（津波避難ビル，津波避難タワーなど）である。これらの要素が地域固有の特性（地形，都市構造，建物特性と配置など）と絡み合いながら，津波避難の固有性を形づくっていく。その特性を有機的に生かすための仕組みを検討しつつ，具体的な避難計画を策定する必要がある。

津波常襲地域である三陸海岸など日本の沿岸部地域には，山々に囲まれた集落や町が少なくない。そのような地域で津波が発生した場合には，限られた急傾斜の避難路（**図6.7**）を通り，指定された場所に避難するという方法をとら

図 6.7　御畳瀬(みませ)の避難路
　　　　（高知県）

ざるを得ない．一方，ハワイ島のヒロのように緩やかな平地の広がる沿岸部では，特に指定された経路や避難場所があるわけではなく，とにかく津波浸水危険区域外に出るよう指示されているところもある．**図 6.8** はヒロの津波避難地図であるが，海に囲まれたハワイ州では津波避難の仕方が広く周知されるよう，各地の電話帳にこのような津波避難地図が掲載されている．こうして地形に沿って，海から離れる方向に避難することを水平避難という．

　沿岸地域には河川にはさまれた三角州などにできた町もある．そのような町では，必ずしも海岸線に対して直交した道ばかりがあるわけではなく，海から離れているつもりでも，実はそうではない行動をとってしまうこともある．そうした地域では津波避難路を明確にしておくことも大切である．近年では地区のハザードマップを作成し，住民に配布する自治体も多い．地域住民であれば，そのハザードマップに盛り込まれている避難経路や避難場所を一度じっくり読み込み，認識しておくとよいであろう．しかし，観光地などでは土地勘のない人もいる．そのような人を適切に避難場所まで誘導できるようにするサイン計画も重要である（**図 6.9**）．津波の来襲は昼夜を問わない．十分な明るさがないところでも円滑な避難ができるよう，津波避難経路に誘導灯をつけているところもある（**図 6.10**）．

　2011 年 3 月 11 日の津波は，リアス式海岸を持つ三陸沿岸部のみならず，仙

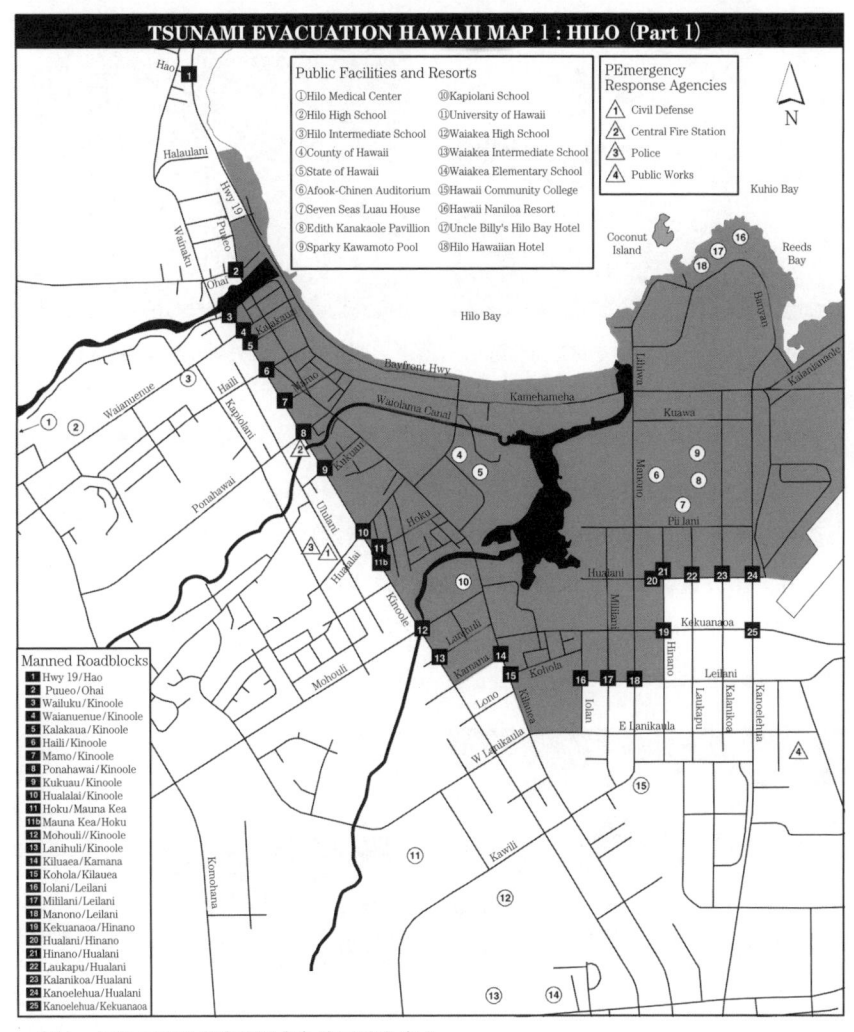

6.4 緊急避難のための都市・建築空間　　91

(注) 灰色の部分は津波浸水危険区域を表す。

図 6.8　ハワイ島ヒロの津波避難地図（アメリカ）

台以南の平野部にも押し寄せてきた。仙台空港のある名取市では海岸線から 3 km もしくは 4 km 離れたところまで浸水した。このように平地の広がる地域では，十分な避難時間がとれず，水平避難では逃げ遅れる危険性が高くなる。そのため，沿岸近くに十分な高さを持つ構造物があれば，そこに避難する必要

図6.9 ハワイ島ヒロの避難誘導用標識(アメリカ)

図6.10 御畳瀬の避難路誘導灯(高知県)

がある。このような避難を鉛直避難という。鉛直避難用の構造物には，避難を目的として建設された津波避難タワーや，既存の中高層建物を自治体が所有者との協定のもとで避難用に指定した津波避難指定ビルなどがある。

現在，津波避難タワーは各地に設置されている（**図6.11**，**図6.12**）が，設置可能な用地の問題や，必要な高さ・収容人数をどの程度に見積もればよいのかという問題を抱えている。

図6.11 串本町の津波避難タワー(和歌山県)

図6.12 鵠沼海岸の津波避難タワー(神奈川県)

また，東日本大震災以降，津波避難指定ビル（**図6.13**）も各地で増え続けており，2013年3月現在で7 247棟となっている（2013年3月2日付け朝日新聞朝刊）。これは2011年の震災直後と比較して4倍になっている。しかしながら，津波避難の問題を抱えている地域では，つぎのような問題も残されてお

図 6.13 串本町の津波避難指定ビル
（高知県）

り，取り組むべき課題は山積みである。
- 津波避難に適した建物自体が不足している。
- 津波避難に適した建物があったとしても，建物管理者（所有者）の合意が得られない。
- 建物所有者との合意がとれて協定が締結されても，居住住民の理解を得られるとは限らない。
- 自治体が協定を締結したとしても，避難時の運用などは住民に委ねるしかなく，自治体と住民など建物利用者と避難する立場の地域住民との関係が難しい。
- 津波避難ビルに指定されていても，居住住民全員に認識されているとは限らない。
- 居住住民が認識していたとしても，津波来襲時に避難者を受け入れる体制（マンションのオートロック開放方法の周知など）ができていない。

6.4.4 風水害発生時の緊急避難に応じた都市・建築空間

　津波災害は水の特性を持った災害であるが，同じく水の災害でも洪水はその対応が異なってくる。洪水はおもに豪雨やそれに伴う河川等の氾濫によりもたらされる気象災害の側面も持っている。そのため，気象観測により数時間前あ

るいは数日前にその可能性は伝えられ，低地や凹地など地形的に浸水が見込まれる地域では，住民が事前に避難することが可能となる。それでも住宅などは浸水してしまう可能性がある。それを避けるためには，高床式にするなど被害抑止策による対応が求められる。

　気象災害には風害もあるが，これも気象観測によりある程度の予測が可能である。風による被害は，風力による構造物への影響や人が屋外にいることによる飛散物による被害などがある。したがって，風力による被害を受けない強固な構造物の中に退避し，屋外に出ないことが風害に対する緊急避難となる。しかしながら，巨大台風，サイクロン，ハリケーンなど，地域の住宅群をも吹き飛ばすようなハザードが来襲する場合には，地域住民を集団として安全な場所に退避させる策が必要である（**図 6.14**）。こうして避難した場所は，収容避難の機能も持ち合わせていることが多い。

図 6.14 サイクロン用の緊急避難シェルター（バングラデシュ）

6.4.5　火山災害発生時の緊急避難に応じた都市・建築空間

　自然災害の中には火山災害もある。この場合も火山活動の観測により，ある程度の予測が可能であるため，事前に避難することができる。火山の麓にある住宅地に溶岩流や火砕流が押し寄せる場合は，影響の及ばない地域に避難することになる。この場合も，長期間に渡る収容避難の場所として整えられることが多い。また，降灰の影響はより広い範囲に渡るため，そのような地域では窓

を閉めるなどの対応が必要である。

20世紀後半以降，火山の噴火に伴う避難の例としては，1977年有珠山噴火災害，1986年伊豆大島全島避難，1991年雲仙普賢岳噴火災害，2000年三宅島全島避難などが挙げられる。

6.5 収容避難のための都市・建築空間

ここまで「避難」の一つである「緊急避難」について，事例を踏まえながら解説してきた。ここで述べてきたように緊急時の避難の仕方は災害特性ごとに差があるが，その後の「収容避難」は発災直後の暫定的な生活を送るための避難であり，災害ごとの違いはない。それよりも影響を受けた避難者数のほうが空間要素としては大きくかかわってくる。

どの自治体も，災害時の収容避難のために特別な整備を施した専用空間を持っているわけではない。通常は，公営の市民ホールや体育館などの公共施設が収容人数や立地により割り当られて使用される。図6.15は2004年新潟県中越地震直後に避難所として使われた体育館の避難生活風景である。こうした避難生活に必要な物資は，あらかじめ地域内の倉庫や防災用拠点に蓄えておいて備蓄や被災地外からの支援により賄われる。

図6.15　2004年新潟県中越地震直後に避難所となった小学校体育館

ここで物資の供給について，川崎市を例に説明しよう。川崎市[3]では，備蓄物資を地域防災の拠点である中学校と各区の備蓄倉庫に保管することになっている。図6.16は市内の中学校施設内にある備蓄用倉庫，図6.17は地域の防災拠点となっている南部防災センターである。このセンターは備蓄の他に消防設備も備え付けており，かつては防災教育の機能も有していた。このように災害直後の収容避難を支援するための拠点は各地にある。

図6.16　川崎市の中学校敷地内にある備蓄用倉庫（神奈川県）

図6.17　川崎市南部防災センター（神奈川県）

また近年では，首都直下地震への対応など広域的な防災拠点づくりも行われている。図6.18は川崎市東扇島(ひがしおうぎしま)にある東京湾臨海部基幹的広域防災拠点施設であり，有明地区とともに災害直後には「緊急災害現地対策本部」が設置され，医療搬送や緊急輸送等の拠点となる。

海外の事例としては，2004年インド洋津波で被災したインドネシアのバンダ・アチェやタイのパンガーにおいて建設された避難拠点としての津波避難ビルがある（図6.19，図6.20）。しかしながら，バンダアチェのビルなどは竣(しゅん)工してからまだ数年しか経っていないのに老朽化している部位も多く，維持管理上の課題を残している[4]。緊急時に対応するための空間でも，平常時の利用を考えておくことが肝要である。

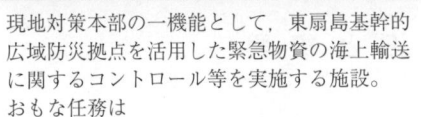

6.5 収容避難のための都市・建築空間　97

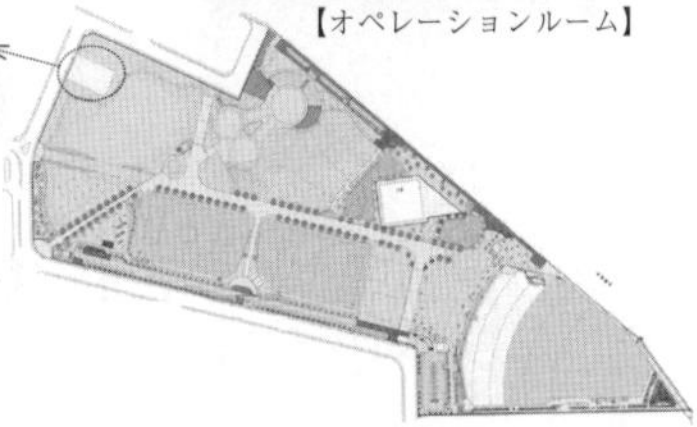

現地対策本部の一機能として，東扇島基幹的広域防災拠点を活用した緊急物資の海上輸送に関するコントロール等を実施する施設。おもな任務は
　・緊急輸送の海上ルート切替を指示
　・受入物資の内容，量，時期等を指示
　・搬入する物資内容，量，搬送先を指示
平常時は「東扇島東公園」（約 15.8 ha）として一般利用されている。

【オペレーションルーム】

図 6.18　東京湾臨海部基幹的広域防災拠点施設（神奈川県）（内閣府）

図 6.19　バンダアチェのコミュニティビルディング（インドネシア）

図 6.20　パンガーにおける津波避難時の防災拠点（タイ）

7 復旧と復興の都市・建築空間

7.1 復旧と復興

7.1.1 復旧と復興の定義

　災害が発生した後，救命・救助活動や消火活動等の緊急対応の局面を乗り越えると，復旧と復興の局面に突入する（**図7.1**）．復旧・復興とは，災害後の生活再建や社会の立て直しと関連した諸活動全般をいい，復旧・復興の状況は，災害からの再建を目的とした個人的・公的な支援プログラム（仮設住宅の供給，支援金の配布，融資など）と深く関連してくる．広義の復旧・復興をrecovery と呼ぶが，特に都市の社会基盤および建築など物的環境の再建を表す場合には reconstruction と呼ぶ．

図7.1　復旧・復興（Ⓒ GK Kyoto）

ここで復旧と復興の定義[1]を明確にしておきたい。復旧とは，被害や障害を修復して従前の状態や機能を回復することであり，被災前の状況への回復，最低限の機能の確保，生活や経済活動の維持などが含まれる。一方，復興とは，被災地に災害をもたらした同規模・同質の外力が都市を襲った際に，以前よりも被害が軽減されるよう，新しい市街地，地域，社会システムを創出することである。そのため，市街地構造や構造物の脆弱性を少なくし，被災前よりも高い防災性能を確保することになる。図7.1のイラストでは，人間の力によってハザードである石を山に埋め込むことによって，以前よりも高い防災性能が確保されたことを示している。

復興過程の中で新たに構築された都市や建築の空間は，おのずとつぎなる災害を軽減させるための要素が含まれることになる。それは時には被害抑止力を高め，時には緊急避難を促進するものである。そのため，復旧・復興の空間といいつつも，被害抑止あるいは緊急避難のための空間的要素を兼ね備えることもある。本章ではそういうことは踏まえつつも，災害発生から復興への過程に焦点を当て，都市を復興する意味について触れていきたい。

7.1.2 明治三陸大津波（1896年）と昭和三陸大津波（1933年）

復興とは「以前よりも被害の度合いが少なくなるよう，新しい市街地，地域，社会システムを創出することである」と述べたが，被災後の集落ごとの復興の違いによって後の災害による被害に変化の出てきた三陸沿岸部の事例を紹介したい。

三陸沿岸部は津波常襲地域として知られており，明治29年三陸大津波（1896年）ではおよそ22 000人，昭和8年三陸大津波（1933年）では3 064人もの死者・行方不明者を出した[2]。明治の大津波の後，被災した各集落では再建が進められたが，ある集落では原地にて復興を行い，ある集落では高台への移転を決めた。しかしながら，20世紀に入るか入らないかというまだ因襲的な空気の残る時代，津波のメカニズムも不明確であり，先祖の土地を離れることに対する抵抗もあった。そのため，漁業を生活の糧にしている集落の中には，高

台移転が定着せず，やがて沿岸地域に戻って生活を送っている地区もあった。そこへ昭和の大津波が襲来したのである。**図7.2**は明治大津波および昭和大津波による岩手県の集落ごとの被害率の比較[3]である。

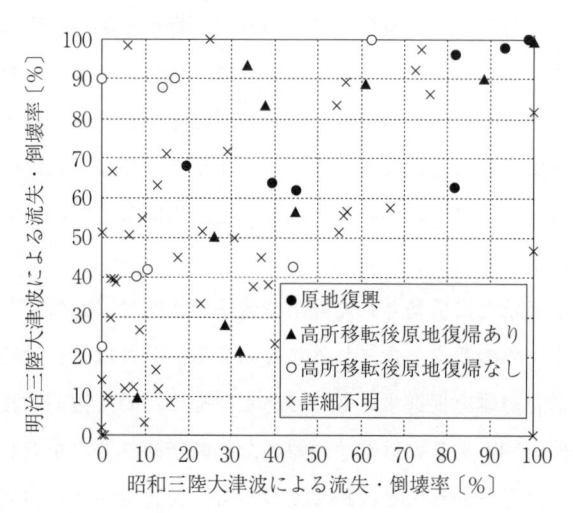

図7.2 明治大津波および昭和大津波による集落ごとの被害率の比較[3]

　図で，対角線の左領域に属する集落は，昭和大津波による被害率が明治大津波時のそれよりも小さくなっており，右領域に属する集落は被害率が大きくなっていることを示している。明治大津波後に高所移転（原地復帰なし）をした8集落のうち7集落で被害率が3割以上下がっていることがわかる。一方，原地復興もしくは高所移転後に原地復帰した集落は，高所移転（原地復帰なし）した集落ほど被害率が減少しておらず，特にそのうちの6集落は両津波による被害率が6割以上と高くなっている。これらのことから，復興過程における津波被害軽減策としての高所移転は一定の効果があったと見られる。復興の仕方により，つぎなる災害による被害の現れ方が異なってしまった事例といえよう。

7.2 復旧・復興のための空間

7.2.1 復旧から復興までの過程

図2.6に示したとおり，ある都市あるいは地域が被災すると緊急対応期を経て，復旧と復興の局面に突入する。そこで被災した住民および自治体は，可能な限りもとの生活を取り戻そうと，自助・共助・公助のバランスをとりながら復興への道のりを進んでいく。

この復旧・復興の過程の中では，どのような空間が関係するのであろうか。ここでは，① 応急仮設住宅，② 仮設市街地，③ 恒久住宅（復興住宅），④ 復興公園，⑤ 復興メモリアルとモニュメント，⑥ 防災教育・啓発施設を取り上げていく。

7.2.2 応急仮設住宅

まず，緊急避難をしている被災者らは，当面の生活を維持するための空間が必要である。いったん地震や津波などハザードの影響を受けはしたが，住宅の被害が半壊や一部損壊で済み，数日後にとりあえず一応の生活を営むことができる人たちは，被災家屋を修復し，危険度判定による「危険建物」や避難区域に指定されない限り，もとどおりの家で復旧作業にあたることになる。しかし，家が全壊し，帰る場所を失った被災者らは，収容避難の場でしばらくの間，不自由な生活を強いられる。この後に必要となる空間が応急仮設住宅である。

わが国の応急仮設住宅は災害救助法（昭和22年10月18日法律第118号）で，都道府県により供給されるものと定められている。応急仮設住宅は避難所に避難している被災者に対して迅速に供給されることが望ましいが，土地の確保，建設，入居手続きという過程を踏まねばならず，通常は1か月以上かかる。1995年の兵庫県南部地震では地震発生後，最も早くて2週間，最長で7か月の期間を要している[4]。

牧[5]によると，1923年関東地震後には同潤会による仮住宅事業の中で住宅が

表7.1 過去の災害と応急仮設住宅の建設戸数
（文献5）に基づいて著者が情報を追加）

年	西暦	災害	建設・供給戸数	建築構造種別など
大正12	1923	関東大震災	1600棟・2158戸	同潤会仮住宅事業
昭和9	1934	第1次室戸台風	3棟	小屋掛け
昭和9	1934	函館市大火	76棟	小屋掛け
昭和13	1938	阪神大水害	1086棟	小屋掛け
昭和18	1943	鳥取地震	117棟・888戸	木造
昭和20	1945	戦災越冬住宅	約30万戸（計画）	①資材の販売 ②賃貸（木造）
昭和21	1946	南海地震	—	—
昭和23	1948	福井地震	6499戸	バラック
			1200戸	木造
昭和27	1952	鳥取大火	1000戸	木造
昭和28	1953	京都水害（8.15水害）	145戸	木造
		京都水害（台風13号）	299戸	木造
昭和30	1955	新潟大火	100戸	木造
昭和30	1955	兵庫県南淡町沼島大火	24戸	木造
昭和32	1957	西九州大水害	228戸	木造
昭和36	1961	第2室戸台風	512戸	木造
昭和39	1964	新潟地震	636戸（新潟市）	木造
昭和40	1965	松代群発地震	—	—
昭和43	1968	十勝沖地震	—	—
昭和51	1976	酒田大火	198戸	軽量鉄骨造プレハブ
昭和51	1976	台風17号	478戸	軽量鉄骨造プレハブ
昭和52	1977	台風9号、沖永良部島	176戸	軽量鉄骨造プレハブ
昭和53	1978	宮城県沖地震	70戸	軽量鉄骨造プレハブ
昭和57	1982	長崎大水害	39戸	軽量鉄骨造プレハブ
昭和58	1983	日本海中部地震	150戸	軽量鉄骨造プレハブ
			5戸	木造
昭和58	1983	三宅島噴火	69棟340戸	軽量鉄骨造プレハブ
昭和60	1985	長野市・地附山地滑り災害	75戸	軽量鉄骨造プレハブ
平成2	1990	茂原竜巻	14棟28戸	軽量鉄骨造プレハブ
平成3	1991	雲仙普賢岳噴火災害	1227戸	軽量鉄骨造プレハブ
			178戸	木造
平成5	1993	鹿児島水害	45戸	軽量鉄骨造プレハブ
平成5	1993	北海道南西沖地震	408戸	軽量鉄骨造プレハブ
平成7	1995	阪神・淡路大震災	49681戸	軽量鉄骨造プレハブ 外国製の輸入 自力仮設住宅
平成10	1998	台風7号河川氾濫	3戸	軽量鉄骨造プレハブ
平成10	1998	集中豪雨洪水災害（五条市）	21戸	軽量鉄骨造プレハブ
平成11	1999	梅雨大雨災害（広島市）	30戸	軽量鉄骨造プレハブ
平成11	1999	台風18号高潮浸水被害	13戸	軽量鉄骨造プレハブ
平成11	1999	集中豪雨洪水災害（軽米町）	30戸	軽量鉄骨造プレハブ
平成12	2000	有珠山噴火	734戸	軽量鉄骨造プレハブ
平成12	2000	恵南豪雨災害	13戸	軽量鉄骨造プレハブ
平成12	2000	鳥取県西部地震災害	37戸	軽量鉄骨造プレハブ
平成13	2001	台風15号高知県西部大雨災害	10戸	軽量鉄骨造プレハブ

提供され，しばらくは小屋掛けであったが，戦後の福井地震（1948年）以降は木造へと変わっていった（**表7.1**）。1976年酒田大火以降は軽量鉄骨造プレハブ住宅が供給されるようになる。

現在は災害が発生すると，プレハブ建築協会が中心となって，軽量鉄骨造プレハブ式応急仮設住宅が供給される（**図7.3**）。しかしながら，被害規模が甚大になると建設資材や職人の不足や，土地の確保，流通経路の不備など多くの問題もある。最近では，仮設住宅の建設システムについて新たな提案が各方面からなされるようになっている。例えば，いわき市にある楢葉町避難住民用の仮設住宅（**図7.4**）は，長期的な利用を考慮し，また地場産業の衰退を防ぐために，地元の木材と地元の職人を使って建設された。

図7.3 いわき市に建設された従来型応急仮設住宅（福島県）

図7.4 いわき市に建設された木造応急仮設住宅（福島県）

2004年インド洋津波により被災したタイのパンガー県では，津波被災者用に高床式のシェルター（**図7.5**）が供給され，しばらくの間生活が営まれた。復興住宅が完成して被災者が移転した後はその役目を終え，現在はつぎなる災害時の仮設住宅用に管理されている。

また，仮設住宅が災害後の生活再建以上の意味を持つこともある。図4.2で台湾の日月潭にいるサオ族の仮設住宅を紹介した。現在，台湾には政府公認の少数民族が14ある。サオ族はそのうちの一つであるが，どの民族も台湾の近代化により，若者が町を離れ，言葉も失いつつある。この仮設住宅は，1999

図7.5 パンガーの津波避難用高床式シェルター（タイ）

年台湾集集地震の後，復興を契機にして，失われつつある民族のアイデンティティを確保することを重視して設計された．現在は恒久住宅としても利用されている．このように仮設住宅は，地域固有のアイデンティティを表現する手段としても機能している．

7.2.3 仮設市街地

住む場所を失った被災者あるいは被災世帯にとって，仮設住宅は生活再建の拠点として重要であるが，一方でコミュニティを維持するための街を仮設的につくるという考え方がある．これが仮設市街地であり，被災者にとっての当面の生活を支える場となる．仮設市街地は，「地震等の自然災害で，都市が大規模な災害に見舞われた場合，被災住民が被災地内または近傍に留まりながら，協働して被災地の復興をめざしていくための，復興までの暫定的な生活を支える場となる市街地」[6]と定義づけられている．

阪神・淡路大震災では，公的資金により瓦礫が撤去されたため，街としての機能を失ってしまった地区が多くあった．人がいなくなってしまった地区では，小規模経営の店舗も経営が成り立たなくなり，生活再建の非常に困難な状況が生まれた．そのため，それ以降，仮設市街地という概念が生まれ，社会的に浸透していった．

災害は地域を選ばず世界中で発生する．巨大災害発生後の仮設住宅地では，

7.2 復旧・復興のための空間　　105

図7.6　2008年中国汶川（四川）地震後の綿陽仮設住宅地内店舗（中国）

図7.7　2004年インド洋津波後のパンガー復興住宅地内の仮店舗（タイ）

図7.8　気仙沼の復興屋台村（宮城県）

敷地内で商売が始まることも多い（**図7.6**，**図7.7**）。東日本大震災では店舗が集まり，仮設建物で営業を再開した事例も多い（**図7.8**）。

7.2.4　恒久住宅（復興住宅）

　住まいの確保は，復旧・復興の過程の中で，被災者にとっても最も重要な要素の一つである。一般論として，住まいを失った被災者は一定期間を応急仮設住宅で過ごした後，恒久住宅もしくは復興住宅といわれる恒常的な住宅を手に入れることになる（以降，「恒久住宅」と呼ぶことにする）。

　恒久住宅建設の時期は状況により変わってくるが，早ければ被災から数か

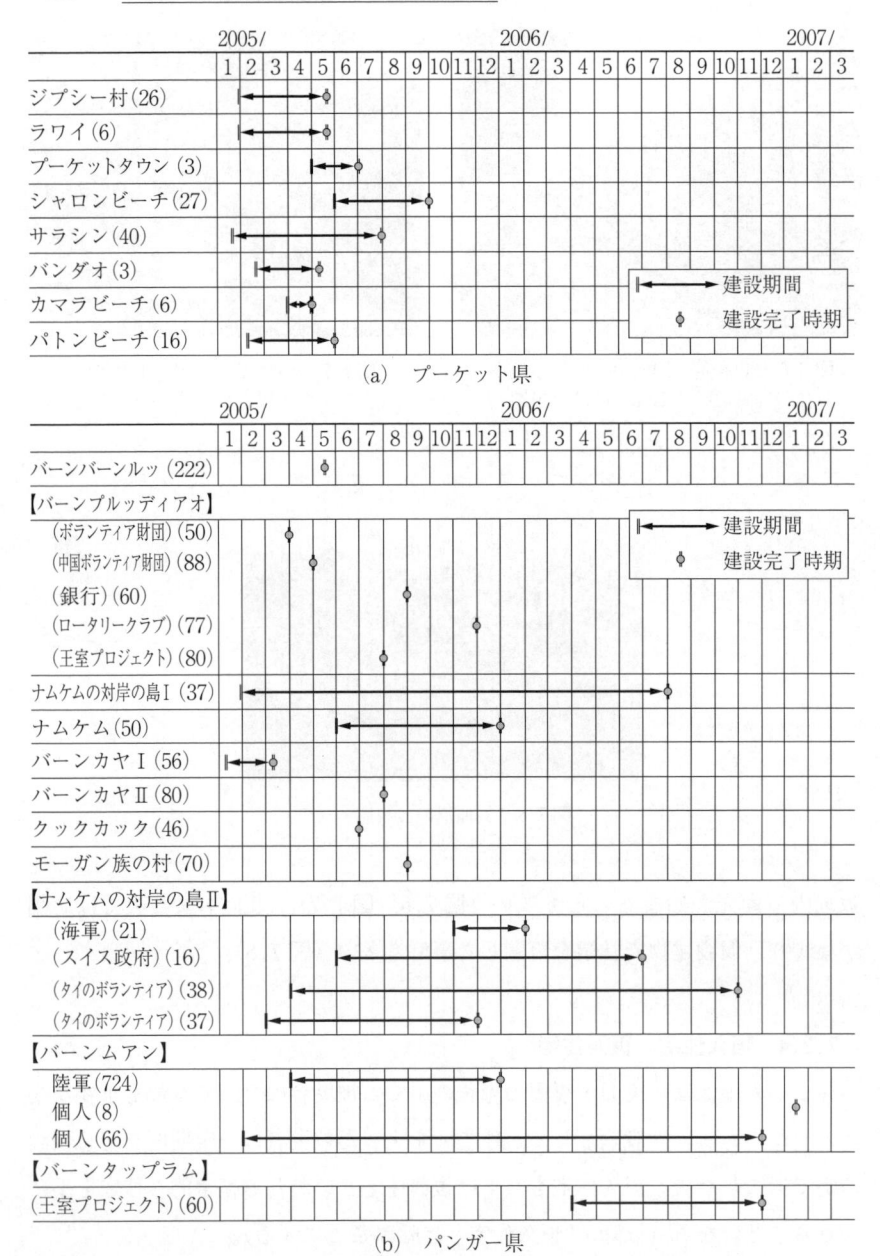

106　7. 復旧と復興の都市・建築空間

	2005/												2006/												2007/		
	1	2	3	4	5	6	7	8	9	10	11	12	1	2	3	4	5	6	7	8	9	10	11	12	1	2	3
ジプシー村 (26)																											
ラワイ (6)																											
プーケットタウン (3)																											
シャロンビーチ (27)																											
サラシン (40)																											
バンダオ (3)																											
カマラビーチ (6)																											
パトンビーチ (16)																											

凡例: ├──▶ 建設期間　◇ 建設完了時期

(a) プーケット県

	2005/												2006/												2007/		
	1	2	3	4	5	6	7	8	9	10	11	12	1	2	3	4	5	6	7	8	9	10	11	12	1	2	3
バーンバーンルッ (222)																											
【バーンブルッディアオ】																											
（ボランティア財団）(50)																											
（中国ボランティア財団）(88)																											
（銀行）(60)																											
（ロータリークラブ）(77)																											
（王室プロジェクト）(80)																											
ナムケムの対岸の島Ⅰ (37)																											
ナムケム (50)																											
バーンカヤⅠ (56)																											
バーンカヤⅡ (80)																											
クックカック (46)																											
モーガン族の村 (70)																											
【ナムケムの対岸の島Ⅱ】																											
（海軍）(21)																											
（スイス政府）(16)																											
（タイのボランティア）(38)																											
（タイのボランティア）(37)																											
【バーンムアン】																											
陸軍 (724)																											
個人 (8)																											
個人 (66)																											
【バーンタップラム】																											
（王室プロジェクト）(60)																											

(b) パンガー県

(注) （　）内の数字は建設戸数を表す。

図7.9　タイにおける2004年インド洋津波後の恒久住宅建設時期[7)]

月,被災規模が非常に大きく建設が追いつかない場合などは3年,4年かかる場合もある。

　図7.9はタイにおける2004年インド洋津波後の恒久住宅建設時期である。タイでは同津波により,プーケット県とパンガー県が被災した。プーケット県の被害は比較的少なかったため,仮設住宅の建設を省き,恒久住宅の建設に着手したところが多い。その結果,平均して半年ほどで恒久住宅に入居できている。一方,パンガー県の被害はタイ全体の半分以上を占め,恒久住宅（**図7.10**）の建設が完了した時期はプーケットよりも8か月ほど遅く,被災から14か月ほどたった時期であった[7]。同津波により最も被害の大きかったインドネシアのバンダアチェでは,被災者が恒久住宅に入居するまでにパンガー県の倍の28か月を要した[8]。このように恒久住宅が完成し,居住者が入居できる時期は,その被災規模によるところが大きい。

図7.10　パンガーの恒久住宅地
（タイ）

　先ほど一般論として,仮設住宅入居後に恒久住宅を手に入れると述べた。ここで「一般論として」というのは,国により,個人的事情により,あるいはその時代の社会的・経済的事情により,恒常的な住宅を手に入れることができない被災者もいるからである。恒久住宅は,NGOにより支援される場合,政府により支給される場合,あるいは財政的援助を受けて被災者自身が再建する場合などがある。

開発途上国で災害が発生した後は，国ごとの政府関連機関を通じて，NGO，世界銀行，アジア開発銀行等の支援により住宅が供給されることが多い。しかしながら，住宅の提供自体が目的となってしまい，提供した後は維持管理がなされず，朽ち果てていく場合も少なくない。また，提供された住宅の質も寄付者に応じて格差があるが，被災者自身が寄付者を選ぶことができず，せっかく提供された恒久住宅が使用されていないということもある。**図7.11** はバンダアチェの沿岸部に建設された恒久住宅群である。写真中央と左にある住宅は津波災害に備え，ピロティ形式となっているが，その他の住宅は平屋建てであり，それぞれ異なるNGOから提供されたものである。著者らが2008年3月に調査した時点で，「ピロティ形式の住宅には人が住んでいるが，平屋建ての住宅には人がいない」という状況が発生していた。

図7.11 バンダアチェの恒久住宅群（インドネシア）

被災者用の財政的補助により，住宅を自己再建する場合もある。1999年台湾集集地震の後，台湾政府は被災者に対して，① 仮設住宅の入居，② 2年間の家賃補助，③ 国民住宅（公営住宅）の割引購入の三つの選択肢を与えた。その政策により，被災者の多くは現金収入となる ② 2年間の家賃補助を選び，融資を受けながら再建の道をたどった（**図7.12**）。

集集では，被災者がその街に住み続け，再建の道を探すことができたが，そうでない場合もある。4.2節で述べたように，トルコでは1999年コジャエリ

図7.12　集集の中心街の復興風景
（2002年8月）（台湾）

図7.13　ゴールの恒久住宅群
（スリランカ）

地震の後，多くの地域で新たな恒久住宅地を造り，街を移してしまった．このような事例は，津波災害の後に多く見られる．2004年インド洋津波の後，スリランカ，タイ，インドネシアで，漁村など一部の例外を除き，高台に街をつくり移転をした（**図7.13**）．このように，恒久住宅地の開発によって地域の構造が大きく変わってしまうことがある．

7.2.5　復興公園

　自然災害により被災した地域は，社会が近代化する以前に自然発生的に街として発展していった場合が少なくない．そのような地域とは，例えば津波に脆弱な低地の海岸線沿いであったり，あるいは火砕流が押し寄せてきそうな火山の麓であったりと，被災前から脆弱な地域であった場合などである．津波や火山に対して脆弱な地域が被災すると，5章で取り上げたように，復興の過程の中で土地利用による被害抑止策がとられることがある．その場合，新たな住宅地はより安全な地域に移し，もとの場所を居住地としてではなく，公共のオープンスペースとして利用することが多い．そして，そのオープンスペースは被災という負の遺産を将来に残すための復興公園として利用される．

　2004年インド洋津波の後，各国で被害の大きかった沿岸部を復興記念公園として整備している．**図7.14**はアチェの，**図7.15**はタイのナムケム村の公園である．どちらも，津波で流された船を残し，地域史の記憶として保存して

110　7.　復旧と復興の都市・建築空間

図7.14　アチェの津波復興公園
　　　　（インドネシア）

図7.15　ナムケム村の津波復興公園
　　　　（タイ）

いる。

7.2.6　復興メモリアルとモニュメント

　復興公園の中に保存された船のように，記念碑的なものを公園の中に残すこともある。津波被害の場合は，陸地まで流された船や被災した建物を保存することが多い。そして，地震の場合は大破した建物のほか，大きく動いた活断層などがその対象となる。1999年台湾集集地震の後，集集では大破した武昌宮（図7.16）を，また台中県の霧峰では出現した活断層（図7.17）を保存し，観光の名所としている。

　船，建物，活断層のような物的対象の保存のほかに，事象の発生した「時」

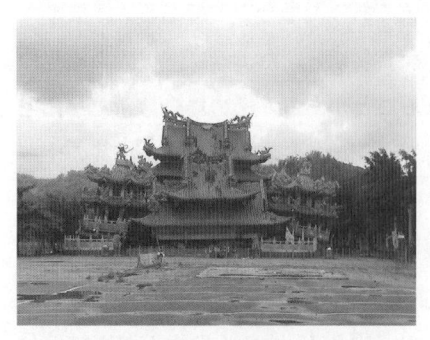

図7.16　大破した集集の武昌宮
　　　　（台湾）

図7.17　九二一教育公園内に保存
　　　　している活断層（台湾）

を残すこともある．1960年チリ津波で被災したヒロでは，津波により街が流された時を刻むために被災した時計をモニュメントとして残している（図7.18）．また，図7.19は2008年汶川（四川）地震の発生時刻を残した時計モニュメントである．

図7.18 チリ津波で被災した時刻を示すヒロの時計（アメリカ）

図7.19 汶川（四川）地震発生の時刻を示す綿竹の公園の時計（中国）

自然災害の中で，津波は浸水域と高さを伴うハザードであり，後世にどこまで津波が達したか，どの程度の大きさだったのかを伝えることも重要である．過去に何度も津波を経験しているハワイ島のヒロでは，地域住民に親しまれて

図7.20 1946年と1960年の津波高さを示すヒロの椰子の木（アメリカ）

図7.21 インド洋津波による各地の高さを示すバンダアチェのモニュメント（インドネシア）

いる海沿いの公園内の椰子の木にそれぞれの津波の高さを示している（**図7.20**）。また，バンダアチェではインド洋津波の高さを再現した85本のポールが市内の各地に建てられ（**図7.21**），それらは被害のすさまじさを物語っている。

災害は地域の歴史の中で大きな意味を持つことも少なくない。復興の中でその事実を忘れないよう記念碑あるいは場として残すこともある。**図7.22**はタイのパンガー県にあるインド洋津波メモリアルである。また，**図7.23**はハワイ島にあるラウパホエホエの記念碑で，1946年アリューシャン津波で亡くなった多くの小学生の死者を祀っている。このように海外では死者の名を刻み，碑

図7.22 インド洋津波による死者を祀るパンガーの津波メモリアル（タイ）

図7.23 1946年アリューシャン津波による小学生らを祀るラウパホエホエの記念碑（アメリカ）

図7.24 田辺の津浪之碑（和歌山県）

として祀っていることが多い。図7.24は，宝永地震（1707年）と安政南海地震（1854年）の津波がどこまで到達したかを示す和歌山県田辺市の碑である。日本における碑には，津浪の記録を刻んだものばかりでなく，「地震を感じたら，すぐに逃げること」などの行動指針を過去の災害からの教訓として刻んだものも見られる。

7.2.7 防災教育・啓発施設

「天災は忘れた頃にやってくる」はよく知られた言葉であるが，災害あるいは防災の知識がなかったばかりに，逃げ遅れてしまい，帰らぬ人になってしまうということがある。最近では都市化と情報化が進み，過去の教訓を国内外の人々に伝え，後世の教訓にするという取り組みも多い。特に甚大な被害を受けた地域では，負の遺産を貴重な伝達手段として活用し，防災の教育と啓発の場に仕立て上げることがなされる。それは災害により影響を受けた地域産業を立て直す地域振興にも資する活動である。

図7.25は台湾集集地震の後に防災教育の場として建設された九二一教育公園である。図7.17で示した活断層は霧峰の小学校のグランドに出現したものであったが，その敷地が防災教育の場として選択され，この施設が実現した。

ハワイ島のヒロでは，幾度かの津波の教訓を地域として後世に残すための津波博物館（図7.26）が開設された。ここでは津波に関する記録展示や教育用

図7.25 霧峰の九二一教育公園（台湾）

図7.26 ヒロ津波博物館（アメリカ）

の活動とともに，なるべく多くの被災者の声を残そうと**口述の歴史**（oral history）を記録する取り組みもしている．ハワイ大学や地域産業との連携のもとで，被災したヒロの観光拠点として機能している．

バンダアチェでは，2004年インド洋津波後に大規模な津波博物館（**図7.27**）も開設された．津波後の復興過程の中で設計競技が開催され，条件を満たした68作品の中から選ばれ，この大規模な美術館が実現した．

図7.27 バンダアチェ津波博物館（インドネシア）

日本では人と防災未来センターの例がある．この施設および組織は，阪神・淡路大震災の後に創設され，阪神・淡路大震災に関する記録と展示のみならず，研究員を育て，地域における防災教育・啓発活動を行っている．

復旧・復興の空間は，被災した地域を平常状態に戻すとともに，時間的には過去と未来を，そして空間的には被災地と世界をつなぐ伝達装置としても機能する重要なものである．

8 都市と復興

8.1 都市史における被災と復興の意義

8.1.1 そして復興から日常へ

　世界中の多くの都市は歴史上，戦争と自然災害による脅威にさらされてきた。その脅威による被害を軽減すべく空間が計画され，そのビジョンが実現されたとしても，免れることができずに破壊されることもあった。その破壊が戦争によるものであろうと，あるいは自然災害によるものであろうと，そこに人が住み続ける限り，復興が始まる。その復興にかかる期間は，時代により，社会的事情により，あるいは被災の規模により異なるが，それが「都市復興」と呼ばれる程の規模であれば，少なくとも数年はかかる。

　では，その復興はいつ終わるのか。そこを統治する首長が復興完了の宣言でもしない限り，復興がどこで終わり，どこから新たな平常時の段階が始まるのか不明確である。いや，仮に復興完了の宣言が発せられたとしても，それは例えば復興事業の中で復興記念碑的な施設や社会基盤が完成するなど，表面的な物的環境が整っただけであり，被災者一人ひとりの生活再建が完了したわけではない。被災した都市の状況が被災前と同様の社会レベルにまで戻ったとしても，あるいは永遠にそのレベルまでは戻らないとしても，被災後の復興の期間と新たな社会の始まりとは明確に線で区切られるわけではないのである。

　どこまでを復興過程と呼ぶのかわからない不明確さの中で，10年，20年と時間が経過し，新たな世代は目の前に映る（以前とは異なる）社会を都市の日

8. 都市と復興

常ととらえ，受け止める．それが被災と復興があって初めて生まれた新たな都市だとしても，その新しい世代からすれば復興による特別な空間だとは思わない．やがて，被災から復興へと流れた時間と新しく生まれた都市空間は，その後に営まれる日常の中に溶け込み，長い都市史の断片と化す．

8.1.2 都市史の変曲点としての被災と復興

いずれは都市史の一部として平常時の中に溶け込んでしまう被災と復興の過程であるが，それは長い目で見れば，都市史において非常に重要な変曲点となる．都市は一朝一夕でできるものではない．現在われわれが知っている世界中の多くの都市は，数十年，数百年，あるいは数千年という歴史の中で形成されてきた．中には，戦争や自然災害により破壊された都市も多々ある．破壊された後には「復興」という名のもとで新たな社会的・都市的システムが導入さ

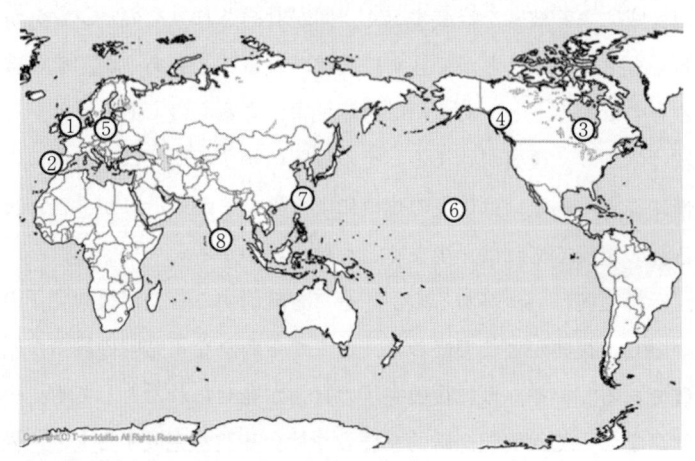

① ロンドン（英国）：1666年ロンドン大火
② リスボン（ポルトガル）：1755年リスボン大地震
③ シカゴ（米国）：1871年シカゴ大火
④ シアトル（米国）：1889年シアトル大火
⑤ ワルシャワ（ポーランド）：1944年ワルシャワ蜂起
⑥ ヒロ（米国）：1960年チリ津波
⑦ 集集（台湾）：1999年台湾集集地震
⑧ ハンバントタ（スリランカ）：2004年インド洋津波

図8.1　八つの復興都市

れ，新しい都市が生まれる．世界中の多くの都市のアイデンティティが，こうした被災と復興の過程の中から創り出されてきたという側面は見逃せない．被災と復興は単なる歴史の一部ではなく，その後の都市を特徴づけるための重要な変曲点となるのである．

本章では，「被災から復興への過程が，その後の都市のアイデンティティを形成する上で重要な役割を担った都市」を復興都市と呼ぶことにする．次節では，図8.1に示す八つの復興都市について，都市の概要，災害の概要，復興過程が後の都市に及ぼした影響を，簡単に紹介していく．

8.2 復　興　都　市

8.2.1　ロンドン（英国）

（1）　**基本情報（都市的地域の推定人口と面積）**[1]

人口：8 586千人　　面積：627 km^2　　人口密度：1 623人/km^2

（2）　**1666年ロンドン大火と復興**[2],[3],[4]　　英国の首都であり，世界の金融と保険の中心でもある．シティと呼ばれる中心部とその周辺でグレーターロンドンを構成する．古代ローマ時代テムズ川河岸の渡津として発展し，7世紀のエセックス王国の主都を経て，1066年に英国の首都となった．

1666年9月1日の深夜，ロンドンのシティのパン屋から出火した．出火した火災は風にあおられ，木造密集地帯に広がった．当時の市街地は3階から5階建の木造建築と狭隘道路による過密な状況であり，また消防力も弱かったため，火は1週間近くかけて，シティのおよそ大半（13 000戸）の建物を焼き尽くしてしまった（図8.2，図8.3）．しかし，死者は16人ほどであったという．

17世紀から18世紀にかけて，ヨーロッパではペストが大流行していた．まだ下水道がなかったロンドンでも大火の前年の1665年にペストが流行し，およそ7万人が亡くなっていた．そのため災害当時は都市の衛生と整備に関心が高まっていたときであり，大火により被災した街の復興計画にも注目が集まっていた．大火の数日後，3人の建築家（クリストファー・レン，ジョン・イー

8. 都市と復興

図8.2 1666年ロンドン大火（ロンドン博物館所蔵）

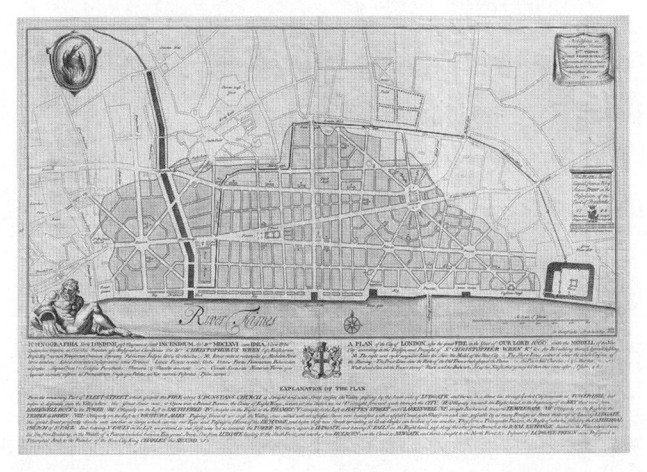

図8.3 クリストファー・レンによるロンドン大火復興計画

ブリン，ロバート・フック）がロンドン再建計画（図8.4）を提出したが，バロック的理想像を描いた各計画は却下され，より現実に即した計画が実施されることとなった。

しかしながら，この復興によってレンガ造り建築および外装材規定の遵守，道路拡幅，街角広場の形成などが取り決められるようになり，不燃都市として生まれ変わったのである。そして，1677年には大火記念塔が建てられた。こ

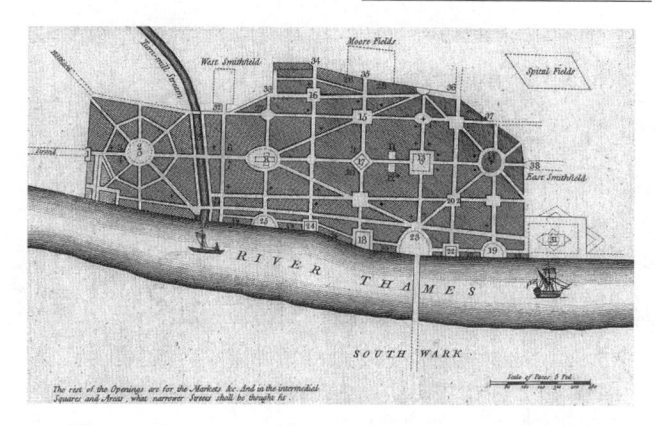

図8.4 ジョン・イーブリンによるロンドン大火復興計画

のレンガ造りの街づくりは，銀座大火（1872年）後の銀座レンガ街計画などにも影響を与えた。

8.2.2 リスボン（ポルトガル）

（1） 基本情報（都市的地域の推定人口と面積）[1]

　　人口：3 051千人　　面積：370 km^2　　人口密度：958人/km^2

（2） 1755年リスボン大地震と復興[2),5)]　リスボンの地は，古代神話の中で英雄オデュッセウスが発見したとされる。13世紀以降，ポルトガルの首都となり，リスボン港は大航海時代の世界貿易の中心として栄え，世界最大級の都市となった。

1755年11月1日の朝，巨大地震がリスボンの街を襲い，その後の津波とともに，およそ6万人の死者が出た（**図8.5**）。

震災の後，当時宰相であったセバスティアン・デ・カルヴァーリョ（ポンバル侯爵）がリスボンの再建を担うことになり，「死者を埋葬し，生存者のために動け」と命じたとされる。1年ほどで瓦礫の処理は終わり，丘に囲まれた平地部分が区画整理され，新たな街に生まれ変わった（**図8.6**）。それまで曲線だらけの狭隘道路が張り巡らされていたリスボンの中心部は，公共の広場という意味を持つロシオ広場（**図8.7**）と海に面したコメルシオ広場（**図8.8**）を

図8.5 1755年リスボン大地震
（The Earthquake Engineering Online Archive-Jan Kozak Collection 所蔵）

図8.6 区画整理されたリスボンの町並み

図8.7 ロシオ広場

図8.8 コメルシオ広場

都市の中心軸（**図8.9**）としてつなぎ，広場と格子状の都市構造を持つ街へと変わった。

　街の一部であるバイシャ地区はポンバル侯爵の名からバイシャポンバリーナとも呼ばれている。被災の後，耐震のために格子状の木構造が検討され，新たな街に建つ建物に採用された。また内部の壁も火災の延焼を避けるために屋根より高く造られている。この耐震建築様式はポルトガル中に広がっていった。当時，リスボン最大の教会であった石造のカルモ教会（**図8.10**）も，地震により屋根や壁が崩壊した。現在は，大地震のすさまじさを後世に伝える記録として保存されている。

図 8.9　新たに生まれたリスボンの都市軸と勝利のアーチ

図 8.10　大地震で倒壊したカルモ教会

8.2.3　シカゴ（米国）

（1）　基本情報（都市的地域の推定人口と面積）[1]

人口：9 121 千人　　面積：2 647 km^2　　人口密度：6 856 人/km^2

（2）　1871 年シカゴ大火と復興[2],[4]　　シカゴはイリノイ州北東部のミシガン湖岸に位置する米国第三の都市である．古い記録では，1673 年にフランス人伝道師が訪れている．近年，アジアおよび中東の超高層ビルの台頭により，その座を奪われてしまったが，台北 101 が完成する 2004 年まで世界一の座を保ち続けたシアーズタワー（現ウィリスタワー），2 位のアモコビルディング（現エーオンセンター），4 位のジョンハンコックセンターと，超高層建築が林立する摩天楼都市である．

このシカゴで 1871 年 10 月 8 日に大火があった．火は 24 時間以上燃え続け，木造建築で構成されていたシカゴの街およそ 800 ha を焼き尽くした（**図 8.11**）．

古い木造建築が一掃され，更地となったシカゴでは新たな街が計画された．社会構造の変化により，第三次産業を担う事務所建築という新たな機能が必要とされた時代でもあった．木造建築は禁止され，レンガ，石，そして新たな材料として鉄が建物に使われ始めたのもこの時代である．そして，シカゴの街を

図 8.11 1871 年シカゴ大火
（Abraham Lincoln Historical Digitization Project 所蔵）

図 8.12 エリシャ・オーティスにより発表された安全装置付きエレベーター

大きく変える要因となったのは，1853 年のニューヨーク万国博覧会でエリシャ・オーティスにより発表されたエレベーターである（**図 8.12**）。この新しい装置が建築に取り入れられるようになり，数十 m もの縦動線の移動が可能となった。これが高層建築の始まりである。

シカゴは大火後の復興過程とこうした技術的背景により，シカゴ派と呼ばれる建築家達の格好の発表の場となり，ホームインシュランスビル，リライアンスビル，シカゴ窓（**図 8.13**）など，高層建築史の中で重要な建築群とボキャブラリーが生み出されていった。そして，バーナムのシカゴ計画，サリヴァン，ライト，ミースの時代へと引き継がれ，建築の宝庫として都市のアイデンティティを醸し出している（**図 8.14**）。

図 8.13　リライアンスビルとシカゴ窓　　　図 8.14　超高層都市シカゴ

8.2.4　シアトル（米国）

（1）　基本情報（都市的地域の推定人口と面積）[1]

人口：3 127 千人　　面積：1 010 km^2　　人口密度：2 616 人/km^2

（2）　1889 年シアトル大火と復興[2),6)]　　シアトルはワシントン州最大の，ピュージェット湾沿いに位置する港湾都市である。1852 年，先住していたインディアンの土地に創建された。1897 年アラスカのゴールドラッシュにより急速に発展し，1914 年のパナマ運河開通後には，太平洋岸の貿易，交通の中心となっている。

1889 年 6 月 6 日の午後 2 時 40 分，一軒の家から出火した。湾は干潮時であり消防用水の水圧も低く，消防ホースの長さも足りず，建物が木造であったことも手伝い，かつ強風が吹き荒れていたために，火は 12 時間かけて街全体に

図 8.15　1889 年シアトル大火

広がり，30街区（およそ51 ha）を焼き尽してしまった（図8.15）。

　火災が発生した当時，シアトルでは沿岸部の地形的な理由から，湾の満潮時には下水が逆流し，汚物がトイレからあふれ出るということがしばしばあった。そのため，この復興を契機に街の問題を解決しようと市民が集結し，議論が始まった。シアトル市民は土地の測量をやり直し，木造建築を禁止し，消防所を設立し，公共の水供給システムを採用することにした。そして，下水問題を解決するために，街全体を10～40フィート嵩上げすることにしたのである。

　市は車道と歩道から成る道路を嵩上げし，その下にライフラインを埋め込んだ。そして嵩上げされた歩道と既存建物の1階部分とにより生まれた区画を，商業用のドライエリアとして開放した。嵩上げが終わると，新たな地上は既存建物の2階部分でつながることとなり，シアトルの街全体が生まれ変わった。都市に新たなレイヤが加わったのである。そして，嵩上げ前に機能していた街は，かつてのシアトルの生活が感じられる地下空間として，歩道の下に今も残っている。大火直後に完成したホテルと，嵩上げ後に用途変更された現駐車場によりその変化がわかる（図8.16，図8.17）。ホテルの2階部分が現駐車場の1階部分となっている。

図8.16　1890年完成のシアトルホテル（旧）

図8.17　現在のパイオニアスクエア

8.2.5 ワルシャワ（ポーランド）

（1） 基本情報（都市的地域の推定人口と面積）[1]

　　　人口：1 713千人　　面積：210 km^2，人口密度：544人／km^2

（2） 1944年ワルシャワ蜂起と復興[2),7),8)]　　復興は，被災した人々の強い意志の現れとなることもある。

　古い記録によると，13世紀のワルシャワは小さな漁村であった。1596年にポーランド王宮廷がこの地に移り，1611年に首都となった。そして，現在は中央ヨーロッパの政治，経済，交通の中心でもある。

　1939年ナチス・ドイツがポーランドへ侵攻し，ワルシャワは占領された。市内のユダヤ人はユダヤ人居住区に集められ，収容所に送られた。1944年8月1日にワルシャワ市民は反乱（ワルシャワ蜂起，**図8.18**）を起こしたが，街は破壊され（**図8.19**），そして1945年に終戦を迎えた。

図8.18　最高裁判所前にあるワルシャワ蜂起の様子を表した彫刻

図8.19　瓦礫と化したワルシャワ中心部

　1939年時点で25 498棟あった建物のうち，11 229棟が完全崩壊，3 879棟が部分被害，10 390棟が軽微な被害という状況であった。生き残った市民は，被災した街を以前と姿に取り戻すべく，まずは建物がほぼ元のまま残っている地区から再建を行っていった。しかし，建物のまったく残っていない地区をどのように再建したのだろうか。後世をワルシャワの町並みを描いて過ごしたイタリアの風景家ベルナルド・ベッロットの絵や，残された写真が役立ったので

ある。また大戦中に街が被災することを予期して事前に行われた大学生による建築記録も復興に貢献した。こうした資料に基づき，壁の一つひとつの亀裂まで市民の手により再現された。そして1964年，98 m×75 mの旧市街地広場（図8.20）を中心とした再生ワルシャワが完成した。その復興には19年を費やした。

迫害された市民の強い意志のもと，被災した街が並々ならぬ市民の努力により再現された。こうした努力が認められ，復元されたワルシャワ歴史地区は1980年に世界遺産に登録された。

図8.20 再現されたワルシャワ旧市街地広場

8.2.6 ヒロ（米国）

（1） **基本情報（都市的地域の推定人口と面積）**[9]

人口：43千人　　面積：141 km^2　　人口密度：313人/km^2

（2） **1946年アリューシャン津波および1960年チリ津波と復興**[10),11)]　　ヒロはハワイ島東岸にあり，ホノルルに次ぐハワイ諸島第二の都市である。11世紀から12世紀にかけて，ポリネシアからの移民により発展してきたとされている。1795年から1893年にかけてハワイ王国として統治されてきたが，1898年米国により併合された。

立地的理由により津波を受けやすいヒロでは，20世紀中では1946年4月1日に発生したアリューシャン津波と1960年5月23日のチリ津波により，それぞれ

96人，61人が亡くなっている．この2度の大津波により，ハワイ島の産業に大きな影響力を持っていた日系人の住むShinmachi（新町）地区とYashijima（椰子島）地区が壊滅した（図8.21）．

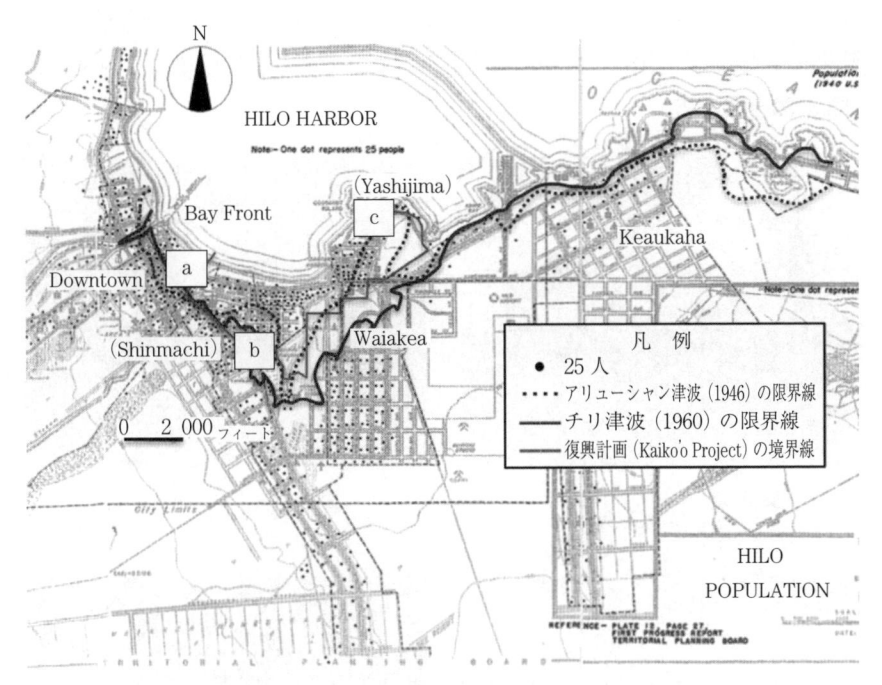

図8.21 ヒロにおける津波浸水域と被災当時の人口

ヒロでは，1940年にマスタープラン[12]が策定されるが，当時想定された災害は火災と洪水であり，津波を考慮した計画ではなかった．しかしながら，沿岸部のオープンスペースの必要性については述べられており，それが1946年の津波の後に生かされていく．その際に，5.2.5項で述べた田老の事例から津波被害軽減のための防潮堤や防波堤の建設が検討されたが，費用対効果を考慮した結果，見送られた．

やがて，1960年チリ津波後の復興計画（Kaiko'o Project）の中で，新たな沿岸部開発が議論され，① 土地の取得，② 区域内土地所有者・利用者に対する移転支援，③ 所有権譲渡時の土地の管理，④ 認可されていない建物の撤去，

⑤ 土地利用形態の決定と都市基盤施設の設置，⑥ 売買または貸借による計画施設の配置，の六つの方針が定められた。そして，被災した日系人の街は沿岸部のオープンスペースとして生まれ変わったのである（図5.21，図5.22）。現在，その沿岸部は公園，バスターミナル，野球場，サッカー場，数本の道路，駐車場などとして利用され，ヒロの名所として栄え，憩いの場となっている（図8.22〜図8.25）。

図8.22 ヒロの湾岸公園（かつての新町）

図8.23 津波メモリアル

図8.24 沿岸部の幹線道路

図8.25 リリウオカラニ公園（かつての椰子島の街）

8.2.7 集集（台湾）

（1） 基本情報（都市的地域の推定人口と面積）[13]

人口：43千人　　面積：767 km^2　　人口密度：56人/km^2

（2） **1999 年台湾集集地震と復興**[14]　台湾南投県にある集集は，かつて未開発の荒地であり，原住民が住んでいた。清朝第六代皇帝乾隆帝の時代に漢民族がこの地に入り，1780 年代に市街地として形成された。そして，農地や生活必需品のための交易の場所として栄え，人々が定着し，いろいろなものが集まってきたため「集集」と呼ばれるようになった。19 世紀末から戦後まで日本統治の時代があり，日本式木造建築の集集線駅舎などはこの地の名所となっている。集集の近傍で，1999 年 9 月 21 日に巨大地震が発生し，鎮内では207 の建物が全半壊被害を受け，死者は 4 名であった。

大学で都市や建築を学んだ当時の林明湊 鎮長は，街づくりの知見を生かし，地震以前から集集の観光に力を入れ始めていた。そのため，震災後には復興計画の中に新たな居住地の開発，集集の街中を走るミニ機関車の運行，南投県観

図 8.26　被災直後の状況
　　　　（1999 年 10 月）

図 8.27　台北などからの投資も進んだ
　　　　（2005 年 7 月）

図 8.28　にぎわいを取り戻した集集駅前
　　　　（2008 年 2 月）

130　　8. 都 市 と 復 興

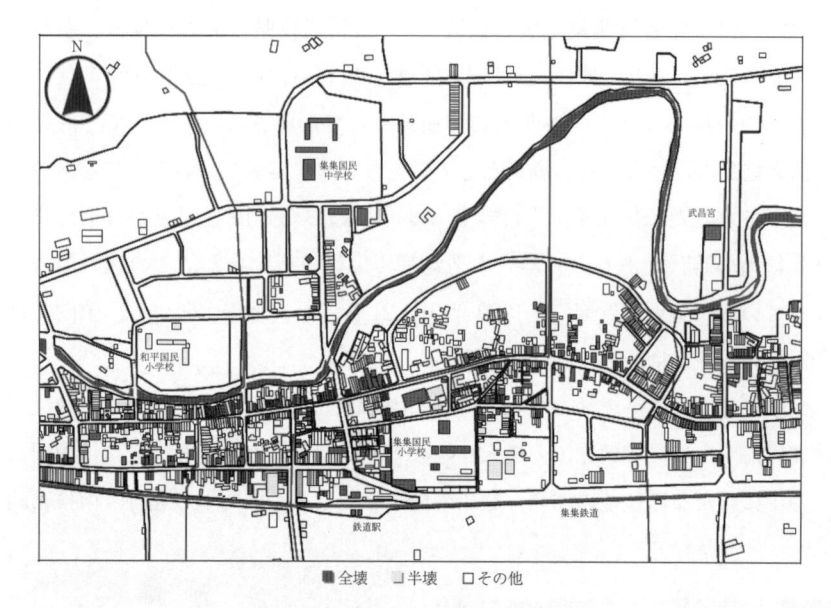

■全壊　　■半壊　　□その他

図 8.29　被災直後の集集の被害状況

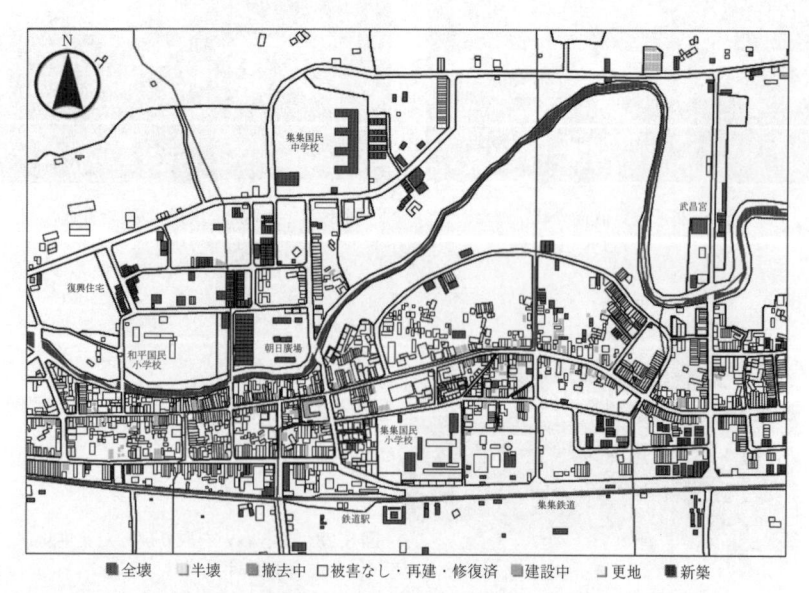

■全壊　　■半壊　　■撤去中　□被害なし・再建・修復済　■建設中　　□更地　　■新築

図 8.30　被災から 5 年経過した時点での集集の復興の様子（街は拡張した）

光案内所や公園の建設などを提案した。実現のためには解消しなくてはならない課題がいくつもあったため，すべてを具体化することはできなかったが，この地震と復興を契機として，集集はより広く国内に知られるようになり，投機の対象ともなった。そして水害等のリスクが高まってきた近隣地区からも集集に人が集まるようになった。小規模な集集の街が，被災から数年の間に劇的に変わっていったのである（**図 8.26〜図 8.30**）。

8.2.8　ハンバントタ（スリランカ）

（1）　**基本情報（都市的地域の推定人口と面積）**[15]

人口：526 千人　　面積：2 496 km^2　　人口密度：200 人/km^2

（2）　**2004 年インド洋津波と復興**[16]

ハンバントタは古代ルフナ王国の一部として繁栄した地である。塩田が有名で，津波による復興を契機として，今後のスリランカ南部の国際拠点として開発が進められている。

2004 年 12 月 26 日 9 時 58 分頃（日本時間），スマトラ島西方沖で発生した Mw 9.0 の地震は，インド洋周辺の国々に甚大な被害をもたらした。スリランカでは，死者行方不明者が 3 万 5 千人を超え，およそ 100 万人の暮らしに影響を及ぼした。海と潟とに挟まれたハンバントタの低地でも，住宅の多くが流され（図 5.19），筆者らの調査によると，沿岸部に立地していた建物 1 481 棟中 399 棟が被害を受けた（**図 8.31**）[17]。

他の被災地同様，ハンバントタでも仮設住宅と復興住宅が建設されたが，他よりも早く着工し，被災者に提供された。それはハンバントタ出身の当時の首相マヒンダ・ラジャパクサによる政治力が大きかった。彼は津波から 1 年後に大統領となった。被災した危険区域に住んでいた被災者は高台の復興住宅に移され，沿岸部は公園として整備された（図 5.20）。

ラジャパクサ大統領は，スリランカ政府と LTTE（タミル・イーラム解放のトラ）による内戦を終結させ，ハンバントタを西のコロンボに次ぐ東部の国際拠点にするべく開発を進める方針を打ち出した。現在，新生ハンバントタのた

132　8. 都市と復興

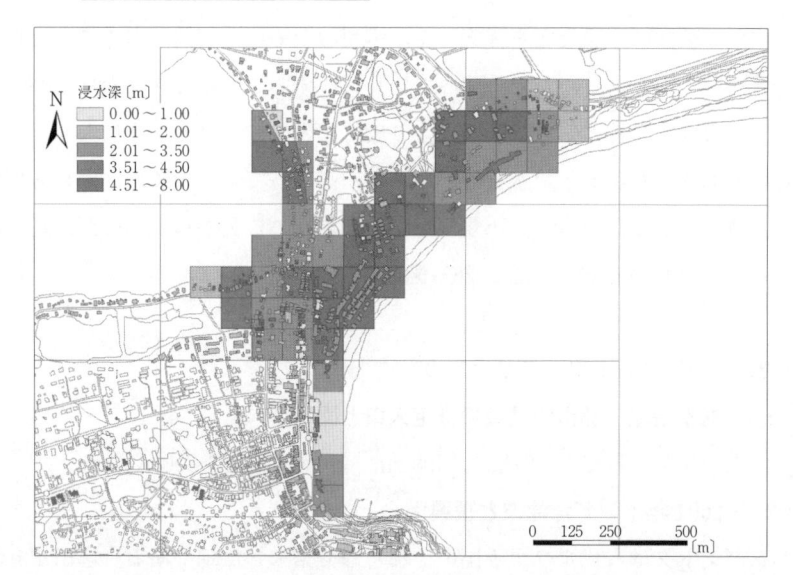

図 8.31　ハンバントタにおける被災と復興状況（2005 年 11 月現在）

めに，政府機関の施設を内陸部に移し（**図 8.32**），文化施設や国際空港も建設している（**図 8.33**）。また，砂州を掘削し，ハンバントタの地形を特徴づけている潟を海に対して開き（**図 8.34**），中国資本による国際フェリー船用大型港を完成させた（**図 8.35**）。

　津波により被災したハンバントタの開発により，スリランカは国家としての新たな道を動き始めているのである。

図 8.32　内陸部に建設中の公共施設群　　**図 8.33**　建設中の国際空港

図 8.34 掘削されて海に開かれた砂州

図 8.35 新大型港

9 都市の復興過程モニタリング

9.1 都市復興過程モニタリングの二つの視点

　8章で被災から復興に至る過程が，その後の都市形成に大きな影響を与えてきたことについて，事例を挙げて解説した。都市の未来に劇的な変化をもたらす復興過程をモニタリングすることは学術的に重要である。本章では被災と復興の過程を追うことの意義について述べ，情報化が進んだ現代の復興研究について持論を展開していく。

　建物にしろ，街にしろ，それが実現するためには計画と設計という行為が必要である。どちらもデザインという過程が不可欠な「ものづくり」に属する。しかし，同じ「ものづくり」の結果生まれたものでも，われわれが日常利用する工業製品とは一線を画す。工業製品は幾度もの実験により安全性や信頼性を獲得した上で，大量生産というシステムに乗っかって，人々の手元に届く。それに対し，住宅はその敷地や家族構成，施主の嗜好，予算に応じて，一品一生産の特殊解として街に姿を現す。そして，都市とはある意味，そのような一棟一棟の建築物や社会基盤施設とシステムの集合体である。すなわち，巨大なシステムの集合体である都市は，実験を繰り返して，安全性と信頼性を獲得した上で実現できるものではなく，ある場所に固有の，そして一過性の活動の結果，生まれた「もの」なのである。

　仮にある場所に街をつくり出す機会があれば，将来像を可能な範囲で見越し，都市を計画し，時間をかけて一つひとつの空間を具体化していく努力がな

される．しかし，都市という大きな対象は短期間で仕上がるものではなく，数十年，数百年をかけて形成されていくものである．その長い時間の中で，計画時に描いた将来像どおりに進むことはまれであり，たいていは社会や景気の変動によって，適宜計画を変更しながら，まるで生き物のように進化あるいは退化していく．ある時点において，そうした過程の結果，生まれた都市を都市デザインというのであれば，**都市デザイン**（urban design）UD はつぎのように定義づけられる．

$$UD = \int f(PE \cdot HA) \, dt \tag{9.1}$$

この式は，都市デザインが，**物的環境**（physical environment）PE と**人的活動**（human activity）HA のかかわりの中で，時間 t とともに形成されていくものであることを示している．

すべての都市は，時代性と地域性の結果として生まれたそれぞれ固有の特殊解なのである．つまり都市とは，安全性向上のために実験室で何度も実験を繰り返して実現できるような対象ではないのである．

では，都市の安全性を向上させるためには何が必要なのであろうか．それは災害という負の遺産からなるべく多くのことを学ぶことである．過去の都市災害から得られた教訓を新たな都市づくりに対して生かすことが重要である．図

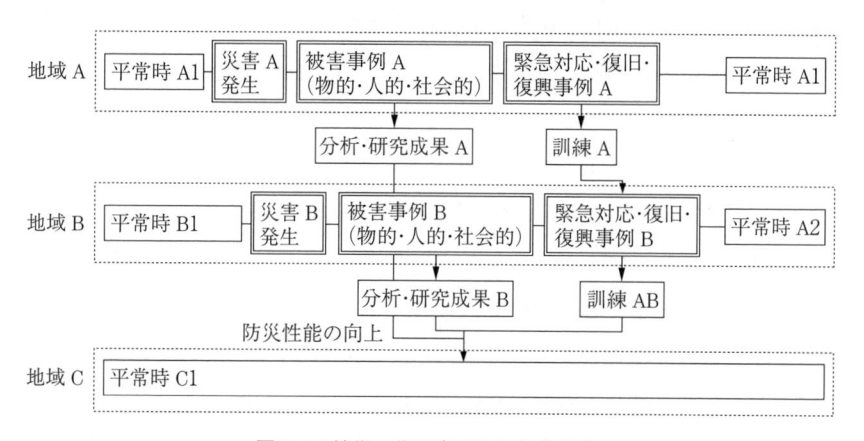

図 9.1 被災・復興事例を生かす意義

9.1は，一つの地域が，他の地域で発生した災害事例から知見を得て，防災性能を向上させていく様子を示している。ある地域の被災と復興の教訓を，未来のために生かすためには，その過程を観察していく都市復興モニタリングが重要である。

都市復興をモニタリングする視点は二つある。一つは将来的な都市復興戦略を策定するための比較研究，もう一つは，都市復興アーカイブズとして復興記録を蓄積していくことである。その詳細を以下に述べる。

9.2 都市復興戦略策定のための比較研究

9.2.1 都市の復興を比較する難しさ

ジークフリード・ギーディオンは『空間・時間・建築』（1941年）の中で，「あらゆることが比較することによってより鮮明となる」[1]と述べている。だからという訳ではないが，以前，研究者仲間とともに1995年阪神・淡路大震災，1999年トルコのコジャエリ地震，そして1999年台湾の集集地震の復興について比較研究を試みた。まず思いつくのは，建物被害や人的被害の量的比較である。これは問題ない。しかし，被災者への支援政策や仮設住宅の質や量などが議論に上がり出すと，事態はそう単純ではなくなってくる。

例えば，トルコで建物が相当な被害を受けたにもかかわらず生き残った被災者に対して，「今回，建物が全壊しましたが，あなたは生き残ることができました。何が要因だったのでしょうか？」という質問をした。すると「アラーの神の思し召しにより，自分は生き残ることができた」という答えが返ってきた。そして，「イスタンブールでは，つぎなる大地震が懸念されていますが，今後は堅固な建物に住んだほうがよいと思いますか？」という質問をした。すると「いや，いままでどおりでよい。次回もアラーの思し召しにより，自分が生き残るべき人間なら大丈夫だろう」という回答だった。日本ではまったく想像できなかったイスラム教的回答に戸惑ったものである。

また，被災による影響の度合いも，日本とは異なることが見えてきた。日本

で災害が発生すると，倒産や景気が後退することにより，職を失い，収入が減り，重要な問題となる．被災前の日常が災害により大きな影響を受けたのである．しかし，当時のトルコは景気が悪く，被災以前から景気悪化による収入減少が問題となっていた．被災者の収入減少という側面から見ると，被災の影響は社会全体の長期的な影響に比べると小さかったのである．

また，仮設住宅での生活にしても，国による違いがある．阪神・淡路大震災では老人の孤独死や「いつ仮設住宅での生活を終わらせることができるか」ということが重要なテーマであった．一方，台湾の集集では，仮設住宅ができたお陰でコミュニティの中で楽しく過ごすことができ，仮設住宅を離れたくないという身寄りのない老人もいた．

このように，復興について単純な比較をすることは非常に難しい．それぞれの被災地について，時代的背景，社会的背景，地域性，世界観，宗教観などを考慮せずに単純比較をしても，なかなか復興の本質が見えてこない．

図9.2はある地域が被災してから復旧・復興していくまでの過程（連鎖構造）と各研究分野の関係をモデル化したものである．災害により，物的・人的被害などの直接被害が最初に発生し，続いて間接的被害へと空間的・時間的に波及していく様子が示されている．この連続した波及空間をある断面で切った

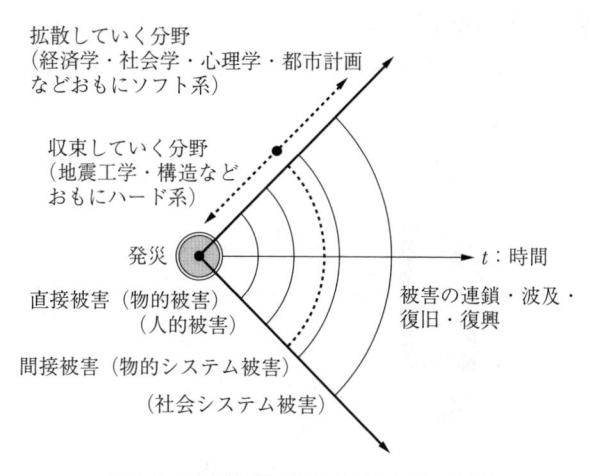

図9.2 被害の連鎖構造と研究分野の関係

とき，地震工学や構造などおもにハード系の研究分野は，「なぜものが壊れたのか？」を追求し，なんらかの答えを導き，より構造物が安全になるよう技術を向上させていく。これらは「発災」という扇形の中心を志向して破壊のメカニズムの解明を目指す「収束の分野」であるといえよう。一方，社会学や都市計画などハードのみならず人的活動の影響を受ける分野は，被災後数か月から，数年あるいは数十年という長期的な問題を扱っており，研究の対象である被災の様相や復旧・復興の状況は，地域性，政策，社会情勢など多様な要素が介入してくるため複雑になっていく。復興のメカニズムの解明を目指すこの分野は，いわば「拡散の分野」である。そのため，同じハザードによる被災でも，時代や地域が異なれば，さまざまな要素の影響を受け，それぞれ固有の様相を描き出していく。このようなところに，復旧・復興過程を評価する難しさが潜んでいる。

9.2.2 都市の復興過程を読み解く七つの要素

では都市の復興をどのように読み解いていったらよいのだろうか。筆者は，復興過程を研究してきた経験から，復興に関する都市活動を記述していく上で七つの要素が重要だと考えている。各要素と全体の位置づけを**図 9.3**に示す。各要素はつぎのように説明できる。

① **時間**（time）：過去から未来へと一方向に向かっている絶対的な指標。

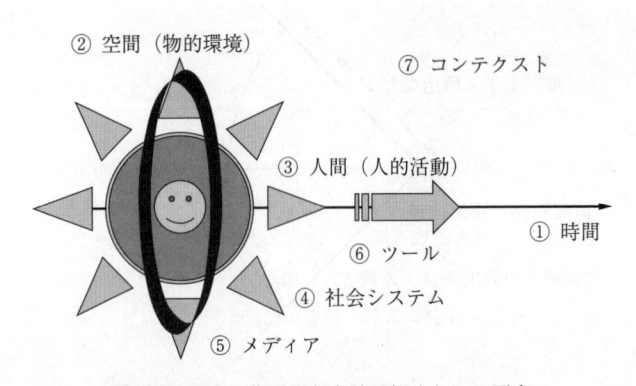

図 9.3 都市の復興過程を読み解く七つの要素

9.2 都市復興戦略策定のための比較研究

② **空間**（space）あるいは**物的環境**（physical environment）：人間が肉体を持った身体的な存在である限り，触れることのできる実態から逃れることはできない．これら物的環境を表す概念が3次元座標 (x, y, z) で記述される空間である．

③ **人間**（people）あるいは**人的活動**（human activity）：防災・復興を含む都市でのすべての営みの上位に立つ，思考する主体．

④ **社会システム**（social system）：ライフライン，経済，交通，流通，法制度など，都市活動を取り巻く社会のルール．都市・社会の活動を制御する．

⑤ **メディア**（media）：テレビ，携帯電話，貨幣，インターネットなど，社会システムに制御された個体と個体をつなぐ媒体．

⑥ **ツール**（tool）：ある目的のために構築された道具または手法．防災・復興に関するものとしては，各種被害関数，被害想定，GPSや人工衛星等を用いた被害状況の把握ツールなど．

⑦ **コンテクスト**（context）：現代思想の主流として，1940年代以降，人類学・社会学者クロード・レヴィ＝ストロース（1908-2009）らによって提唱された構造主義が挙げられる．これは「ある対象」と「ある対象」の関係性の中にこそ存在の意味があるという立場であるが，復興活動という現象一つをとっても「独立した対象」があるわけではなく，地域による社会的背景や周辺環境との関係なしにそれらを評価することはできない．例えば，東日本大震災の被災地に関する研究のように，復興の比較対象を日本の中だけで議論する場合（閉じた系）と，インド洋津波による各国の比較研究のように，数か国の都市を議論する場合（開かれた系）とでは，このコンテクストの取り扱いが変わってくる．どのように比較をしていくのか，どのように対象とコンテクストを構造化すべきなのか，その前提を明らかにした上でないと，比較が宙に浮いた議論になってしまう．

この七つの要素と式 (9.1) が，都市復興のメカニズムを読み解く上で重要な鍵となる．

9.2.3 被災・復旧・復興過程の単純化

被災し，その直後の対応を行い，復旧，復興していく都市復興の過程は単純ではない．被災住民，行政，支援団体などそれぞれの立場があり，時間的な局面によっても問題となる事象は変化していく．災害の種別やその規模によっても様相は異なる．また前述したように，異なる地域，異なる文化圏によっても，被災や復興の背景にあるコンテクストは異なり，そこに比較研究の難しさがある．ゲーム理論とは，「主体が採択する戦略を数学的に定義し，これにより競争関係を明示的にゲームにモデル化して，主体の行動方式を追求する行動科学の一領域」[2] である．すなわち，複雑な社会現象を一つの単純なゲームとしてモデル化し，解の定式化を試みるものであるが，この理論を防災・復興研究に適用することを念頭に置き，被災・復旧・復興のプロセスの単純化を試みた（**図 9.4**）．これは，「ある財産を持った主体（個人，世帯，地方公共団体など）がある．そこに災害という外力が加わり，日常生活に不備が生じる．そして，地域特有の社会ルールに則り，外部組織からの支援を受け，自助努力をし，もとどおりの日常生活へと回復していく」という流れを示している．

この単純な作用と，図 2.6 で示した都市における被災・復興過程の概念図に

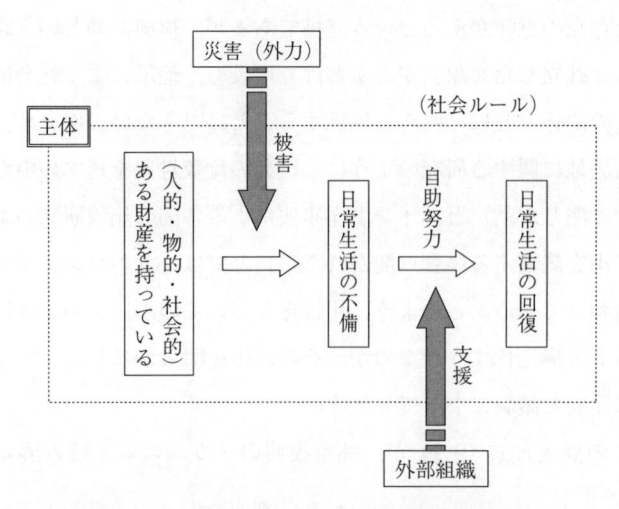

図 9.4 単純化された被災・復旧・復興過程の構造

基づき，定量的な比較が可能になるのではないだろうか．

9.2.4　空間規模による復興の研究対象

　災害により，個人および世帯では人的被害や家財の被害を受ける．また被災地域の地方公共団体は道路や橋梁など社会基盤を失い，それらは社会的にも影響を与え，県レベル，国レベル，金融への影響など世界へと波及していくこともある．このように被災する主体には，さまざまな規模があるが，それを空間軸で表すと**図 9.5**のようになる．各主体の空間指標は，人間の身長，それよりも大きなスケールでは大まかな住宅および土地の面積（国，県，市，町丁目等）を正円で表した場合の半径で示している．それぞれのレベルに応じて，被災対象（人的，物的，社会システムなど），被災形態や活動形態は異なり，また関連する時間規模や経済的規模も異なってくる．主体ごとに復興過程やそこに関連する要素が存在するが，最も重要な主体として「世帯（家族単位）」と「地方公共団体（地域単位）」の二つが挙げられる．

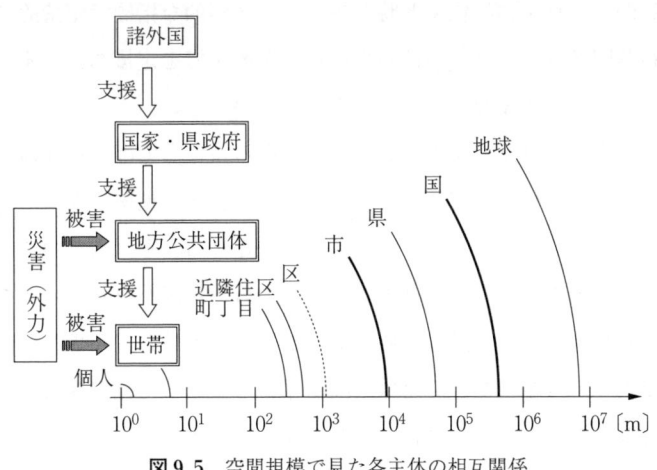

図 9.5　空間規模で見た各主体の相互関係

　まずは「世帯（家族単位）」である．人的活動という視点で考えると社会を構成する最小の単位は個人であるが，統計的には各個人が所属する世帯単位で扱われることが多い．そこには世帯主がいて，生活を支え，生活の器としての

住宅が存在する。災害後の被害状況を記す尺度として建物被害が使われることも多いが，これらの理由から主要な対象として「世帯」を挙げておく。

もう一つの対象は「地方公共団体（地域単位）」である。災害はある限定された領域に発生するが，通常は市区町村（日本の場合）の空間規模での対応を迫られる。市区町村は，各世帯に対して支援をし，外部組織（他地域の市区町村，県や国，民間企業や一般住民，海外支援組織，NGO など）から支援を受ける。すなわち，被災地域の物的環境と人的活動を平常時レベルに回復させることを目的として，支援をし，支援されることによって主導的に対応する立場にある。

9.2.5 客観的指標としての都市復興曲線

ここまで述べてきたことを踏まえ，本項では都市の復興を定量的に示す取り組みについて解説する。

都市の復興はさまざまな要因が絡む一つの総体であることは何度も述べたとおりであるが，それを物的環境と時間軸という客観的な指標で定量的に示したい。すなわち図2.6のように都市の被災から復興までを定量的に示すことである。都市復興にさまざまなものが影響を与えているといっても，それを測る定量的な物差しなしには比較ができないからである。ここでは，復興の流れを示すことになるから，横軸に時間をとる。一方，縦軸は，地域の人口，GDP，各種施設の整備状況など，いろいろな変数が考えられる。そうした中で著者は，物的環境を示す指標として，これまでに建物の再建状況を取り扱ってきた。住宅再建は，被災者にとって最も重要な復興要素の一つである。また，住宅は物的なものであり，可視化できるため地図情報としてその変化が客観的に把握でき，また可算であるため，定量化された指標として扱いやすい。ここでは二つの事例を紹介する。一つは被災世帯の視点で見た集集の復興曲線，もう一つは地域性で比較を行ったインド洋津波後のスリランカにおける復興曲線である。

9.2.6　1999年台湾集集地震後の復興曲線

まずは，1999年台湾集集地震後の復興曲線について述べる．ほかでも述べているように1999年9月の地震以降，筆者は定期的に集集の地を訪れ，8年余りの間，定点観測を続けた．**図9.6**に，集集での定点観測の調査から作成した全壊世帯（255世帯）の再建状況を示した復興曲線を示す3)．ここでは一連の復興過程を，ステージⅠ：緊急対応期，ステージⅡ：復旧期，ステージⅢ：復興期①，ステージⅣ：復興期② の四つの段階に区分している．5割ほどの再建が終わったのがおよそ2年半後で，その後の1年ほどは復興の速度が大きくなり，徐々に緩やかなカーブを描いて，全世帯が再建を果たすのに5年半ほどかかった状況が見えてくる．

このように復興のモニタリングを行うことにより，集集の復興を定量的に記

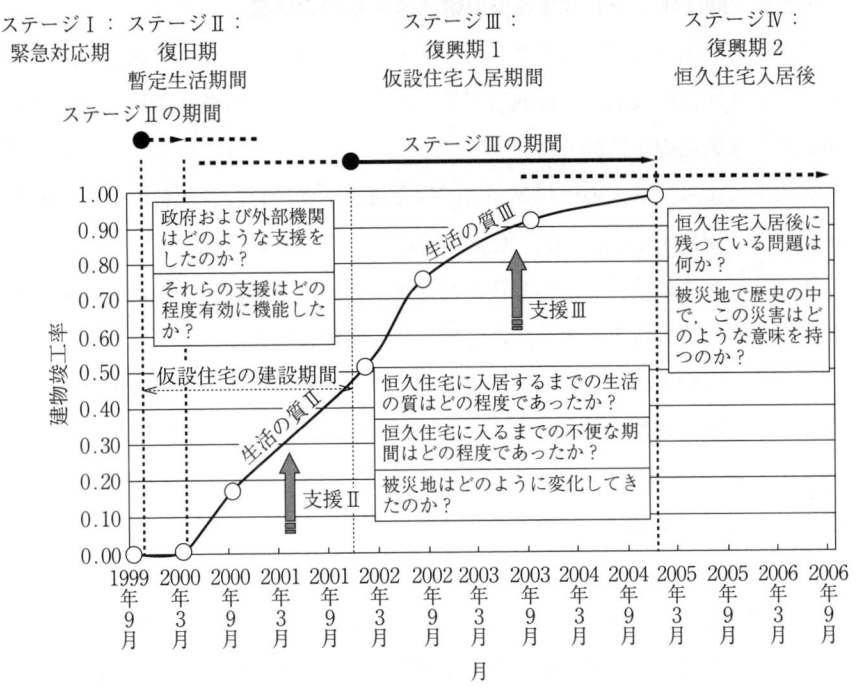

（注）復興率は，著者の調査による再建家屋数をもとに算出．

図9.6　集集鎮における全壊世帯の復興曲線とリサーチ・クエスチョン[3]

述することができたわけだが，復興曲線を構築した目的は，「被災地で実施された各種施策・計画とその結果の関係を明らかし，将来発生する災害時の復旧と復興にかかる時間を短く，かつ効果的に実施するための施策を提言すること」である。そのような視点で復興曲線を吟味したときに検討すべき議論をここではリサーチ・クエスチョンとして挙げている。大きく分けると，①ステージⅡとⅢに要する時間，②ステージⅡとⅢで施された支援の内容，③ステージⅡとⅢにおける被災者の生活の質である。図2.6において，復興があるレベルまで達するまでの速度は重要な視点の一つであるが，ただ速ければよいというものではなく，その結果として生まれる街や住宅の質も重要である。図には各段階の具体的な課題も補足的に示している。

9.2.7　2004年インド洋津波後の建物復興曲線の比較

集集の復興曲線は各被災世帯の再建データにより構築したのであるが，2004年インド洋津波の被災地では政府機関からいただいた地域全体の統計データを用いて，復興曲線を構築した。

同津波により，各国の沿岸部が壊滅的な被害を受けた。各国政府は，国際支援団体やNGOの協力により，仮設住宅および恒久住宅（復興住宅）を内陸部に建設し，多くの被災者が移り住んだ。筆者は，この津波による復興の状況はこれら住宅の建設状況で表されると仮定し，建物復興曲線の構築を試みた[4]。

スリランカ全域の仮設住宅と恒久住宅の竣工率とそれを回帰した復興曲線を図9.7に示す。建物復興曲線構築のために用いる被災後の月数は，地震により被災した2004年12月を0月目，その翌月の2005年1月を1月目とし，提供されたデータの最終月2006年2月（14月目）までを対象期間とした。また，復興率（建物竣工率）は対象期間までの全建築棟数を母数として算出した。「建物復興曲線はS字型のシグモイド曲線により表せる」と仮定し，いくつかの分布で試した結果，仮設住宅はゴンペルツ曲線，恒久住宅は累積正規分布曲線が最も当てはまりがよかった。

ここで描かれた曲線はスリランカ全体の復興の状況を表したものである。

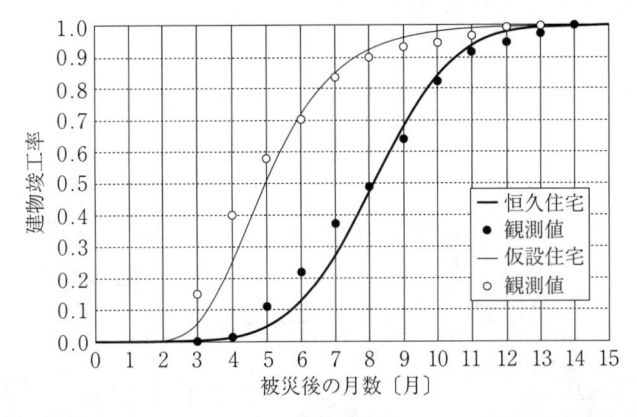

図 9.7 スリランカにおける仮設住宅と恒久住宅の復興曲線

　この手法を用いて，スリランカ各地の復興状況の比較も行った．**図 9.8** は恒久住宅に関する復興曲線を用いた比較である．政治情勢の不安定な北部および東部では竣工時期が遅く，南部では早く，地域の状況を定量的に示すことができたと言えよう．特に 8 章で取り上げたハンバントタは現大統領の出身地とあって，復興が早いことがわかる．

　著者は，同じ巨大津波により被災した国別の比較も行っている[5]．**図 9.9** はその結果としてのスリランカ，タイ，インドネシアにおける復興状況の比較である．恒久住宅建設完了時期の平均は，スリランカが最も早く，被災から 8.2 か月，続いてタイが 14 か月，そして最も被害の大きかったインドネシアがタイの倍以上の 28.8 か月を要したことが示されている．

　ここで試みたことは，被災者にとって最も重要な復興の要素である住宅再建を指標とした復興過程の定量化である．このような客観的な指標を用いることで，客観的な復興の比較が可能となる．被災地の違いによる社会的背景を解釈し，復興戦略との関係を議論するためにはまだ課題があるが，定量的な地域間比較なしにはそうした議論に至らない．つまり，復興曲線として描かれた結果が，どのような要因（被災量，政策，住民の意思，外部支援団体の関係，その他の社会的要因など）により説明できるのか，その説明変数に関する研究がこれから必要になる．

9. 都市の復興過程モニタリング

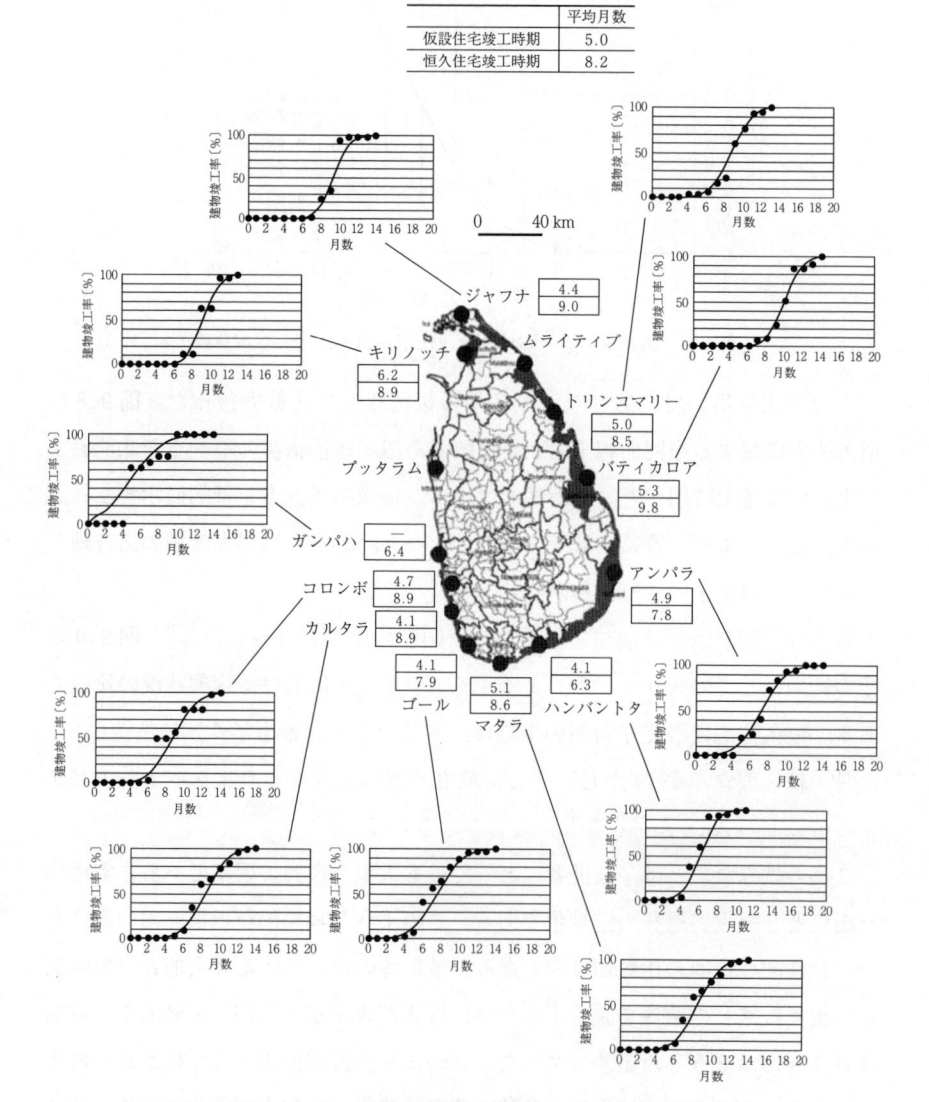

	平均月数
仮設住宅竣工時期	5.0
恒久住宅竣工時期	8.2

図9.8 スリランカ各地における復興曲線（恒久住宅）の比較
（グラフの●は観測値）

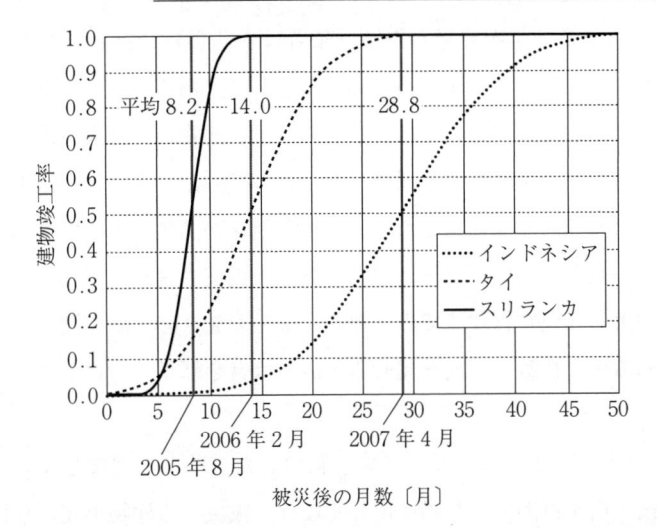

図9.9 スリランカ，タイ，インドネシアにおける復興状況の国別比較

9.3 都市復興アーカイブズとしての記録の蓄積

9.3.1 集集における復興の定点観測

すでに述べたように1999年台湾集集地震の後，頻繁に被災地である集集を訪れ被災から復興までの定点観測を行った．具体的には，被災直後にカメラで撮影した複数のポイントを基点とし，被災から復興までの状況を数年間にわたって記録し続けた．しかし街の復興は，複数の基点からだけで見えてくるわけではない．街全体の復興過程を見ていくためには，2次元もしくは3次元空間としての街の変化を追っていかなくてはならない．しかし，地震直後の調査時に，街の復興過程を記録する上で有用なベースマップはどこに問い合わせても入手できなかった．そこで，自ら衛星画像を用いて街の建物一棟一棟を調査し，大学の研究室にてデジタル化し，地理情報システム（geographic information system, GIS）で管理できるような空間情報データを作成した．このベースマップにより，定期的に行う現地調査により把握できる建物ごとの復興状況を，体系的に記録することが可能になった．

地震からおよそ3年が経過した頃，筆者は生活再建に携わる被災者に対して，たびたびインタビューを行っていた。そして，あるレストランの経営者の話を聞く機会があった。そのレストランの入った建物は，被災直前まで新築工事を行っていたが，地震により崩壊してしまっていた。その後，撤去され，更地になり，そして新たな建物となり，レストランが開店したのである。筆者は定点観測の一環として，その周辺建物の被災と復興の過程を写真として記録していた。被災から建物再建までの一連の記録をお見せし，話を聞こうと思っていたのであるが，複数の写真を見せると店主は目を輝かせ，以下のようなことを言った。

「この写真をぜひとも私にください。被災した当時は，避難しなくてはならず，その後も店を再開するために忙しくなり，被災から建物再建の写真を撮る余裕などなく，気づいたら数年が経過していました。これらの写真は自分の人生にとって非常に重要な転機を表しています」

災害が発生すると，しばしば被災地の調査に行く。調査中，被災した建物などの写真を撮ることはよくあることだが，時として，被災者の気持ちを考えると「こんなことをしていて良いのだろうか」と罪の意識にさいなまれることもある。そのような思いがあったので，店主の反応は意外であった。

被災から復興までの記録を撮り続けること自体は，研究にはならない。当時，一研究者として，それが何の意味があるのだろうかと思うこともしばしばあった。しかし，店主のその言葉を聞いて，被災から復興までの過程を中立的な専門家の立場から記録し続けることにも，社会にとっては意味があるのではないかと思い始めたのである。長期間にわたる都市形成史の中で，重要な変曲点となる被災と復興過程の記録。情報化が進んだ現代において，それを記録する意味は高まっているのではないか。

9.3.2 高度情報化社会における記録媒体と都市

アーカイバルサイエンス（文書館学）とは，さまざまな記録資料の収集からその活用方法について研究していく分野である。ここで，成長し続ける都市の

断片を歴史の中に記録していくことの現代的な意味について考えてみたい。

都市は数十年,数百年,数千年の時を経て形成されてきたことは,すでに何度も述べたとおりである。この歴史的時間の中で,人類が発明した記録媒体はどのように変化してきたのであろうか。**表9.1**と**図9.10**は人類史における記憶媒体の変遷を示したものである。過去におけるこれらの情報媒体の発明により,情報の記録のされ方,伝達のされ方,さらには社会に対する媒体の浸透度合いに応じた社会活動が変化してきた。人類史の中で,音声により情報を伝達していた時代が長く続き,視覚的情報が岩などに刻まれる時代を迎え,ようやくテキスト情報が紙媒体に記録できるようになったのは1900年ほど前である。そして560年ほど前に活版印刷技術が生まれ,情報が再生産されるようになった。やがて,見たままの視覚が記録される写真技術が生まれ,音声,映像が記録・発信されるようになり,さらには情報発信者と受信者の時間的ずれがなくなった。情報媒体のこうした劇的な変化はたかだかこの100年間の出来事である。そして現代,テクストも,音声も,画像も,動画も,0と1で記録されるディジタルの時代に突入した。その結果,インターネットなどを通じて,あらゆる情報がディジタル化され,地球を取り巻いている。

高度情報化時代へと変化した最近の10年,20年という時間と比較すると,都市の形成過程ははるかに長い。人類はこれまでにも地図や写真や書物として,都市を記録してきた。しかし,高度情報化社会を迎えた現代において,これまでとは次元の異なる記録方法が求められているのではないだろうか。近年,都市災害と復興に関する研究分野では,地理情報システムやリモートセンシングが利用されている。また,インターネットを通じて世界中の地図がいとも簡単に利用でき,地球上のどこにいてもGPSにより自分の居場所が把握できるようになった。

これまで被災と復興が都市形成史において重大な意味を持つことを述べてきた。被災・復興過程という歴史の断片をアーカイブズとして後世に残すことが重要である。現代では巨大災害が起きた後,都市復興の一環として防災教育と啓発のための施設が建設されることも少なくない。阪神・淡路大震災の教訓を

表 9.1 人類史における記憶媒体の変遷[6]

時　代		記録と関連する おもな歴史上の出来事	メディア名称	各出来事がもたらすその 後の記録形態の変化（括 弧内は現在までの時間）
新人の登場と進化		言葉の使用	言葉（話される言葉）	口頭による記憶の伝承 （数万年？）
紀元前 3000 年		シュメール人による楔形文字の発明	文字（書かれた言葉）	記憶のテキスト化・記号化（約 5000 年）
105 年頃		中国で紙の発明	紙	テキスト化・記号化された記憶の定着 （約 1900 年）
15 世紀	1445 年頃	グーデンベルグによる活版印刷術の発明	印刷	テキスト情報の量産化と伝播（約 560 年）
	15 世紀半ば	ヨーロッパで手書き新聞発刊	新聞報道	文字情報の速報化 （約 500 年）
19 世紀	1837 年	ダゲレオタイプ写真術の完成	写真	視覚情報の記録と伝播 （168 年）
	1877 年	エジソンが錫箔円筒式蓄音機を発明	蓄音機	音情報の記録化（128 年）
	1894 年	エジソンがキネトスコープを発明	映画	動画情報の記録化 （111 年）
	1900 年	ライト兄弟第 1 号グライダーを発明	車輪・自転車・飛行機ほか	原体験の速報化（105 年）
20 世紀	1920 年	アメリカでラジオ放送開始	ラジオ	音情報の速報化（85 年）
	1935 年	ドイツで世界初のテレビ放送開始	テレビ	映像・音情報の速報化 （70 年）
	1976 年	VHS 方式家庭用ビデオ発売	ビデオ	映像・音情報記録の簡易化（29 年）
	1979 年	レーザーディスク方式ビデオディスク	LD, CD, PC の普及	情報のデジタル化 （26 年）
	1990 年代	インターネットの普及	インターネット	デジタル情報の流通・普及・速報化（約 10 年）
20 世紀末以降		情報技術の向上とディジタルメディアの普及	昨今のあらゆる情報機器	ディジタル化による全情報の統合化・簡易化・速報化・流通化（数年）

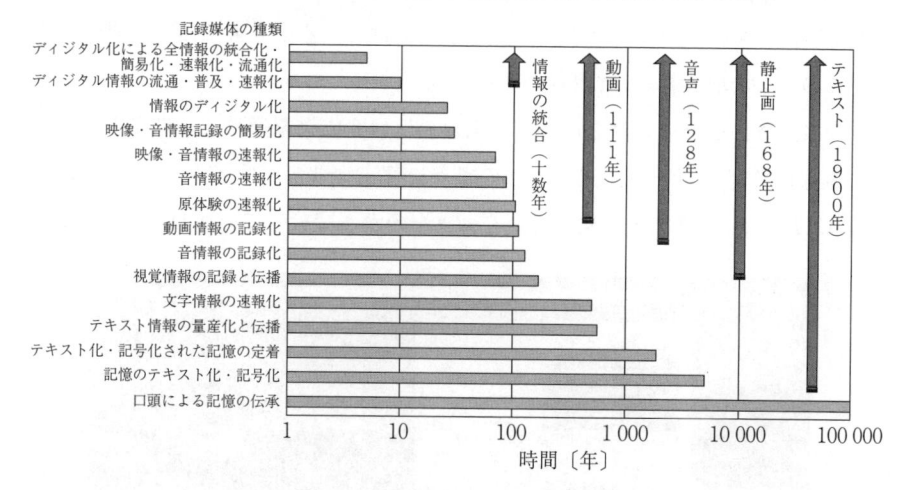

9.3 都市復興アーカイブズとしての記録の蓄積

図 9.10 記録媒体の歴史的時間[6]

残すために人と防災未来センターが生まれた．また，アチェでも津波ミュージアムが建てられた．これらの施設には記録としての展示設備だけではなく，研究部門や追悼の空間も含まれており，過去を記録し，未来に向かう活動とともに存在している．前述のとおり，1960年チリ津波の後に建てられたヒロの津

図 9.11 Google Earth を用いた集集の都市復興ディジタルアーカイブズの構築[7]

152   9. 都市の復興過程モニタリング

波博物館でもオーラルヒストリーを記録し続けている。災害の後，世界の多くでこのような取り組みは行われている。

今後，さまざまな媒介を用いて，あるいは研究成果を通じて，世界中で発生する都市災害と復興の記録を，どのように都市復興アーカイブズ（**図9.11，図9.12**）として構築・蓄積していくべきなのか，議論していかねばならない。

図9.12 Google Earthを用いた集集の都市復興ディジタルアーカイブズによる記録の蓄積例[7]

《 第 3 部　都市の未来を見据えて 》

10　21 世紀の環境と都市

10.1　地球温暖化の現状

　最終章では，気候変動に関する政府間パネル（Intergovernmental Panel on Climate Change, IPCC）による報告に基づき，21 世紀に突入した現在，われわれが抱えている地球温暖化に関連する都市問題を取り上げるとともに，今後の課題について述べる。

　2007 年，気候変動に関する政府間パネルは，温暖化の原因・影響・対策に関する最新の知見を踏まえた第四次評価報告書[1]を発行した。報告書では，以下のように世界中で観測されている事例から温暖化が確実に進んでいることが示された[2]。以下にその概要を示す。

［世界の平均地上気温］
- 最近 12 年間のうち，11 年間は 1850 年以降で最も暖かかった。
- 1906 年から 2005 年までに観測された 100 年間の気温上昇は 0.74℃で，特に北半球の高緯度で大きく，陸域は海域と比べて温暖化が早く進行している。
- 最近 50 年間（1956 ～ 2005 年）の温度上昇傾向は 10 年間当り 0.13℃であり，これは過去 100 年間（1906 ～ 2005 年）に見られた傾向のほぼ 2 倍に相当する。

［世界の平均海面水位］
- 世界の平均海面水位は，熱膨張，氷河や氷帽の融解，極域の氷床融解に

より，1961年以降で年間1.8 mm，1993年以降で年間3.1 mm上昇した。

［世界各地における温暖化の影響］
- すべての大陸とほとんどの海洋において，多くの自然環境が影響を受けている。

［氷雪圏への影響］
- 雪，氷，そして凍土における変化が，氷河湖の拡大や数の増加，山岳や永久凍土地域での地盤の不安定さの増大，北極および南極の生態系の変化に対して，影響を与えている。

このような平均気温の上昇は，自然要因だけでは説明がつかず，人間活動による温室効果ガスの増加によってもたらされた可能性が非常に高いとされている。

10.2　21世紀の気候変動による地域・都市への影響[1]

10.2.1　21世紀末における気候変動の予測

IPCCは今後の予測をするにあたり，以下の四つのシナリオを用意している。

A1：高成長型社会シナリオ
　　　　A1F1：化石エネルギー源を重視
　　　　A1T：非化石エネルギー源を重視
　　　　A1B：各エネルギー源のバランスを重視
A2：多元化社会シナリオ
B1：持続的発展型社会シナリオ
B2：地域共存型社会シナリオ

同報告の予測によると，21世紀末の世界平均地上気温上昇は，最も小さいものがB1シナリオで1.8℃，最も大きいものがA1F1シナリオで4.0℃である。また海面上昇は，最も小さいB1シナリオが0.18～0.38 m，最も大きいA1F1シナリオが0.26～0.59 mとなっている。そして降雨量に関しては，高

緯度地域では増加する可能性が非常に高く，一方で多くの亜熱帯陸域では減少する可能性が高い．

10.2.2　世界各地における近年の異常気象と IPCC により予測される影響

21 世紀の気候変動による世界各地への影響はどうであろうか．報告書[1],[2]によると，特に影響を受ける地域として以下の四つを挙げている．

- 北極：予測される急速な昇温率が自然システムおよび人間社会に与える影響のため．
- アフリカ：低い適応能力と予測される気候変動による影響のため．
- 小島嶼（とうしょ）：住民およびインフラが予測される気候変動による影響に強くさらされるため．
- アジアおよびアフリカのメガデルタ：人口の多さと，海面水位上昇，高潮および河川洪水に強くさらされるため．

報告書は，さらに各地域における将来的な影響について言及している．その

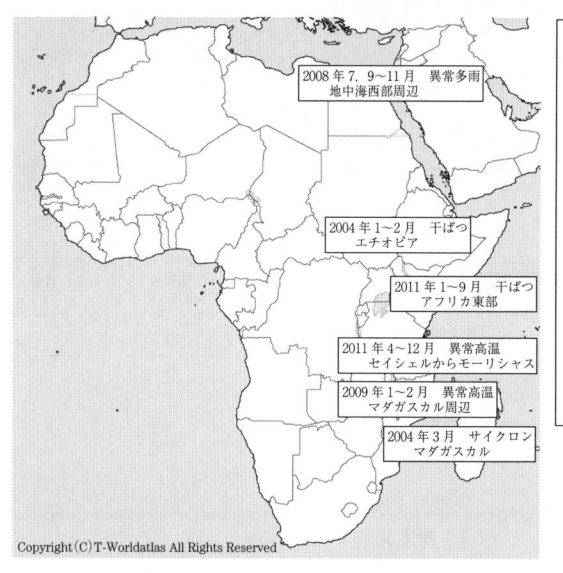

アフリカ
- 2020 年までに，7500 万～2 億 5 千万人の人々が気候変動に伴う水ストレスの増大にさらされると予測される．
- 2020 年までに，いくつかの国では，天水農業における収量は，最大 50％まで減少し得る．多くのアフリカ諸国において，食料へのアクセスも含む農業生産は，激しく損なわれると予測される．このことは，食料安全保障に一層の悪影響を与え，栄養不良を悪化させるだろう．
- 21 世紀に向けて，予測される海面上昇は，大きな人口を擁する低平な沿岸域に影響を及ぼすであろう．その適応のコストは，国内総生産（GDP）の少なくとも 5～10％に達し得る．
- 2080 年までには，一連の気候シナリオによると，アフリカでは乾燥地と半乾燥地が 5～8％増加すると予測される．

図 10.1　アフリカにおける異常気象と IPCC により予測される影響

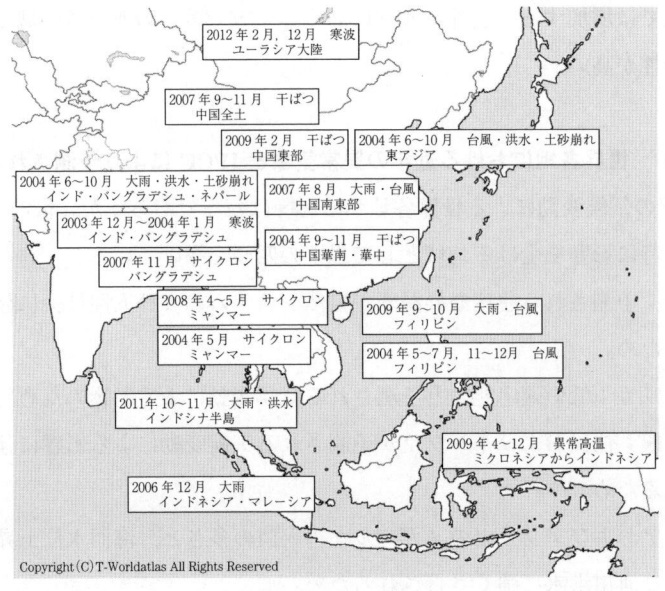

156　　10. 21世紀の環境と都市

(a) 東アジア

- 2012年2月，12月　寒波　ユーラシア大陸
- 2007年9〜11月　干ばつ　中国全土
- 2009年2月　干ばつ　中国東部
- 2004年6〜10月　台風・洪水・土砂崩れ　東アジア
- 2004年6〜10月　大雨・洪水・土砂崩れ　インド・バングラデシュ・ネパール
- 2007年8月　大雨・台風　中国南東部
- 2003年12月〜2004年1月　寒波　インド・バングラデシュ
- 2004年9〜11月　干ばつ　中国華南・華中
- 2007年11月　サイクロン　バングラデシュ
- 2008年4〜5月　サイクロン　ミャンマー
- 2009年9〜10月　大雨・台風　フィリピン
- 2004年5月　サイクロン　ミャンマー
- 2004年5〜7月，11〜12月　台風　フィリピン
- 2011年10〜11月　大雨・洪水　インドシナ半島
- 2009年4〜12月　異常高温　ミクロネシアからインドネシア
- 2006年12月　大雨　インドネシア・マレーシア

(b) 西アジア

- 2012年1〜2月　異常低温　ユーラシア大陸広範囲
- 2009年12月〜2010年2月　異常低温　ロシアから東アジア広範囲
- 2012年12月　異常低温　ユーラシア大陸広範囲
- 2007年12月〜2008年1月　異常低温・寒波・大雪　中国から中央アジア
- 2012年8〜9月　異常多雨　パキスタン
- 2011年8〜9月　異常多雨　パキスタン南部
- 2012年6〜11月　異常高温　地中海周辺からアラビア半島
- 2010年6〜9月　異常多雨・洪水　パキスタンおよび周辺
- 2007年2〜3月　異常多雨(雪)　パキスタン

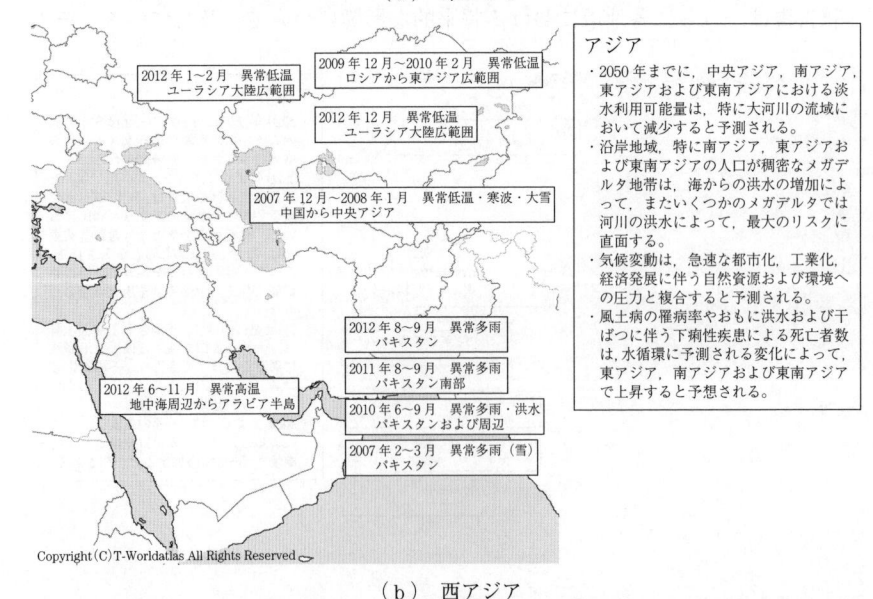

アジア
- 2050年までに，中央アジア，南アジア，東アジアおよび東南アジアにおける淡水利用可能量は，特に大河川の流域において減少すると予測される。
- 沿岸地域，特に南アジア，東アジアおよび東南アジアの人口が稠密なメガデルタ地帯は，海からの洪水の増加によって，またいくつかのメガデルタでは河川の洪水によって，最大のリスクに直面する。
- 気候変動は，急速な都市化，工業化，経済発展に伴う自然資源および環境への圧力と複合すると予測される。
- 風土病の罹病率やおもに洪水および干ばつに伴う下痢性疾患による死亡者数は，水循環に予測される変化によって，東アジア，南アジアおよび東南アジアで上昇すると予想される。

図10.2 アジアにおける異常気象とIPCCにより予測される影響

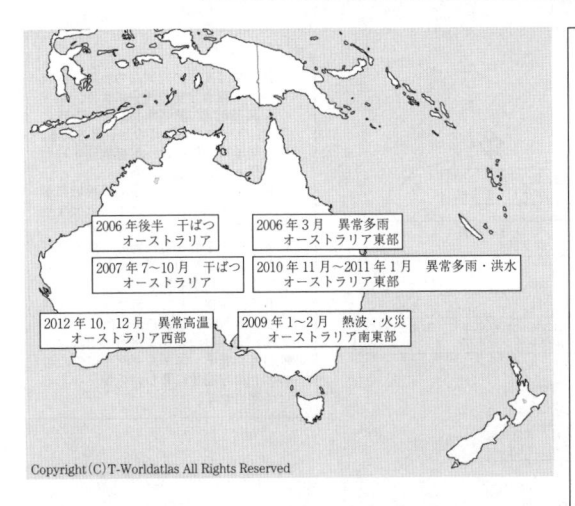

10.2 21世紀の気候変動による地域・都市への影響

オーストラリアおよびニュージーランド

- 2020年までに、グレートバリアリーフやクイーンズランド湿潤熱帯地域を含む、いくつかの生態学的に豊かな場所で、生物多様性の著しい喪失が起こると予測される。
- 2030年までに、オーストラリア南部および東部、ニュージーランドのノースランドと東部地域の一部で、水の安全保障問題が強まると予測される。
- 2030年までに、オーストラリア南部および東部の大部分と、ニュージーランド東部の一部においては、干ばつと火事の増加によって、農業および林業の生産が減少すると予測される。しかし、ニュージーランドのその他いくつかの地域においては、当初は便益がもたらされると予測される。
- 2050年までに、オーストラリアおよびニュージーランドのいくつかの地域において進行している沿岸開発と人口増加によって、海面水位上昇や、暴風雨および沿岸洪水の激しさと頻度の増加によるリスクが増大すると予測される。

地図上の注記:
- 2006年後半 干ばつ オーストラリア
- 2007年7～10月 干ばつ オーストラリア
- 2012年10, 12月 異常高温 オーストラリア西部
- 2006年3月 異常多雨 オーストラリア東部
- 2010年11月～2011年1月 異常多雨・洪水 オーストラリア東部
- 2009年1～2月 熱波・火災 オーストラリア南東部

図10.3 オーストラリアおよびニュージーランドにおける異常気象とIPCCにより予測される影響

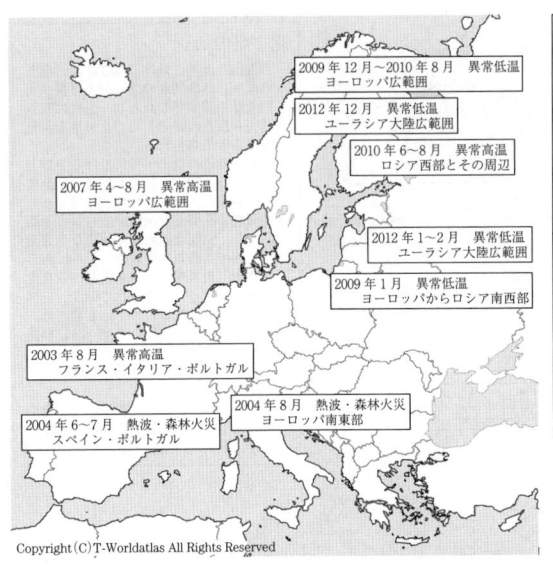

ヨーロッパ

- 気候変動は、ヨーロッパの自然資源と資産の地域間格差を拡大すると予測される。悪影響には、内陸の鉄砲水のリスク増大と、(暴風と海面水位上昇による) より頻繁な沿岸洪水および浸食の増大が含まれる。
- 山岳地域では、氷河の後退、雪被覆と冬季観光の減少、および大規模な生物種の喪失 (高排出シナリオの下では、いくつかの地域では2080年までに最大60％の喪失) に直面する。
- ヨーロッパ南部では、気候変化は、すでに気候変動性に脆弱な地域の状況 (高温と干ばつ) を悪化させ、水利用可能量、水力発電のポテンシャル、夏の観光、および、一般的に、作物生産性を減少させると予測される。
- 気候変動は、熱波に起因する健康リスクと森林火災の頻度を増加させると予測される。

地図上の注記:
- 2009年12月～2010年8月 異常低温 ヨーロッパ広範囲
- 2012年12月 異常低温 ユーラシア大陸広範囲
- 2010年6～8月 異常高温 ロシア西部とその周辺
- 2007年4～8月 異常高温 ヨーロッパ広範囲
- 2012年1～2月 異常低温 ユーラシア大陸範囲
- 2009年1月 異常低温 ヨーロッパからロシア南西部
- 2003年8月 異常高温 フランス・イタリア・ポルトガル
- 2004年8月 熱波・森林火災 ヨーロッパ南部
- 2004年6～7月 熱波・森林火災 スペイン・ポルトガル

図10.4 ヨーロッパにおける異常気象とIPCCにより予測される影響

10. 21世紀の環境と都市

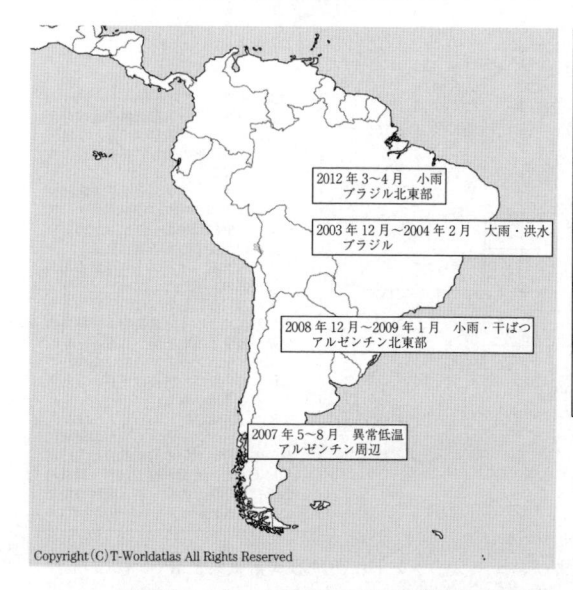

南アメリカ

・今世紀半ばまでに，気温の上昇とそれに伴う土壌水分量の減少により，アマゾン東部地域の熱帯雨林がサバンナに徐々にとって代わられると予測される。半乾燥地域の植生は，乾燥地植生にとって代わられる傾向にある。
・熱帯ラテンアメリカの多くの地域においては，生物種の絶滅による重大な生物多様性の喪失リスクが存在する。
・いくつかの重要な農作物の生産性が下がり，家畜生産力も低下するため，食料安全保障に悪影響をもたらすと予測される。全体として，飢餓リスクにさらされる人口が増加すると予測される。
・降水パターンの変化と氷河の消滅は，飲料水，農業，エネルギー生産のための水利用可能量に著しい影響を与えると予測される。

地図中の記載:
- 2012年3～4月 小雨 ブラジル北東部
- 2003年12月～2004年2月 大雨・洪水 ブラジル
- 2008年12月～2009年1月 小雨・干ばつ アルゼンチン北東部
- 2007年5～8月 異常低温 アルゼンチン周辺

図10.5 南アメリカにおける異常気象とIPCCにより予測される影響

北アメリカ

・西部山岳地帯における温暖化は，積雪の減少，冬季洪水の増加および夏季河川流量の減少をもたらし，過度に割り当てられた水資源をめぐる競争を激化させると予測される。
・今世紀初めの数十年間におけるさほどひどくない程度の気候変動は，天水農業の総収量を5～20％増加させるが，地域間で重要な変動性が生じると予測される。主要な課題は，適切な生育温度範囲の高温限界に近いところにある作物や，利用度の高い水資源に依存する作物に関して予測されている。
・現在，熱波に見舞われている都市は，今世紀中に熱波の数，強度，継続期間の増加によって一層の困難を経験し，これに伴い健康に悪影響を及ぼす可能性があると予想される。
・沿岸のコミュニティと居住は，開発や汚染と相互作用する気候変動の影響によりストレスが増加する。

地図中の記載:
- 2004年6～9月 森林火災 米国アラスカ州
- 2009年12月～2010年2月 異常高温 カナダ北東部からグリーンランド
- 2012年6～7月 高温・小雨 米国広範囲
- 2009年12月～2010年2月 異常低温 米国広範囲
- 2009年1月 異常低温 米国北東部
- 2007年1～2月 異常低温 米国各地
- 2003年11月～2004年1月 寒波・大雪 米国中西部から東部
- 2004年2月 寒波・大雪 米国中部から南部
- 2005年8月 ハリケーン 米国ルイジアナ州
- 2011年1～11月 小雨・干ばつ 米国南部からメキシコ北部
- 2004年8～9月 ハリケーン 米国南東部・カリブ海諸国

図10.6 北アメリカにおける異常気象とIPCCにより予測される影響

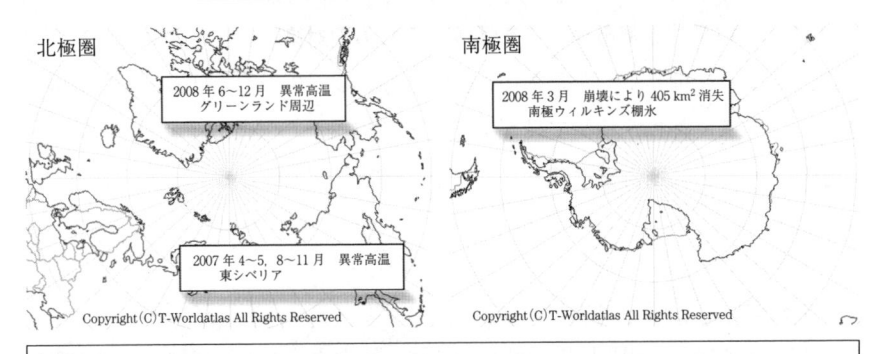

10.2　21世紀の気候変動による地域・都市への影響　　159

北極圏

2008年6～12月　異常高温
グリーンランド周辺

2007年4～5, 8～11月　異常高温
東シベリア

Copyright(C)T-Worldatlas All Rights Reserved

南極圏

2008年3月　崩壊により405 km² 消失
南極ウィルキンズ棚氷

Copyright(C)T-Worldatlas All Rights Reserved

極域
・予測される生物物理的影響のおもなものは，氷河，氷床および海氷の厚さと面積の減少と，渡り鳥，哺乳動物および高次捕食者を含む多くの生物に悪影響を及ぼす自然生態系の変化であると予測される。
・北極地方の人間社会では，影響，とりわけ雪氷の状態の変化による影響は混在していると予測される。
・有害な影響には，インフラや伝統的な先住民の生活様式への影響が含まれるだろう。
・両極域において，特定の生態系と生息環境は，外来生物種の浸入を防いできた気候障壁が低くなることから，脆弱になると予測される。

図 10.7　極域における異常気象と IPCC により予測される影響

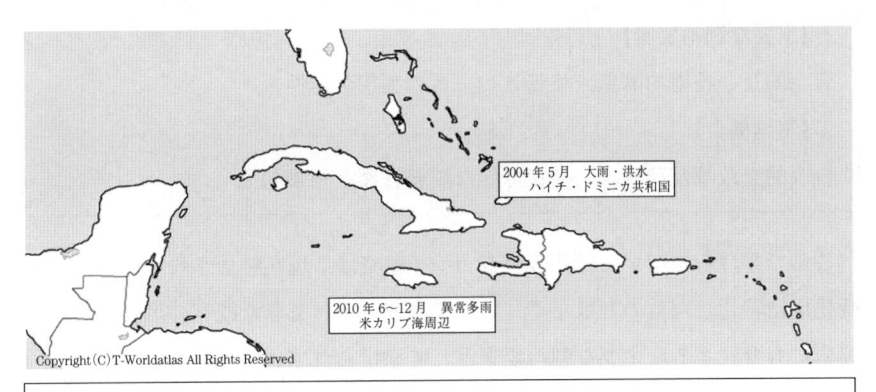

2004年5月　大雨・洪水
ハイチ・ドミニカ共和国

2010年6～12月　異常多雨
米カリブ海周辺

Copyright(C)T-Worldatlas All Rights Reserved

小島嶼
・海面水位上昇は，浸水，高潮，浸食およびその他の沿岸災害を悪化させ，その結果，島の地域社会を支える肝要なインフラ，住宅地，および施設を脅かすと予想される。
・例えば，海岸浸食やサンゴの白化などによる沿岸の状態の悪化は，地域の資源に影響を及ぼすと予想される。
・今世紀半ばまでに，気候変動は，カリブ海や太平洋などの多くの小島嶼において，小雨期における需要を満たすのに不足するところまで水資源を減少させると予想される。
・気温上昇に伴い，特に中・高緯度の小島嶼において，非在来種の浸入が増加すると予想される。

図 10.8　小島嶼（中米）における異常気象と IPCC により予測される影響

影響を理解するために，著者は21世紀に発生した地域ごとの異常気象について，既往情報[3]〜[8]に基づき地図上に整理した。図 10.1 〜 図 10.8 に，各地域における近年の異常気象と，報告書に記載されている将来的な影響を示す。

10.2.3　将来的な都市リスクを低減するための対策

以上のように世界中で懸念される影響に対して，報告書では適応策の事例を紹介している。都市・建築に最も深く関する部門としては「インフラ/居住」が挙げられるが，報告書では以下のように記載されている。

【部門】インフラ/居住（沿岸地帯を含む）[1),2)]

【適用オプション/戦略】

移転，防波堤，高潮用防壁，砂丘の補強，海面水位上昇及び洪水に対する緩衝地帯としての土地の取得と沼地/湿地の構築，既存の自然障壁の保護

【基礎となる政策枠組】

気候変動への配慮を設計に取り入れる基準及び規制，土地利用政策，建築コード，保険

【主要な制約要素】

資金的及び技術的障壁，移転スペースの利用可能性

【実施機会】

統合的な政策及び管理，持続可能な開発目標と相乗効果

ここで挙げられている適用オプション/戦略は，現在懸念されている地球温暖化用に特化したものではなく，本書でも取り上げてきた既存の災害に対する要素にも合致する。主要な制約要素として挙げられている「資金的及び技術的障壁」はこれまでにも存在してきた社会における費用対効果に関する課題であり，「移転スペースの利用可能性」もすでに1896年の三陸大津波の頃から直面してきたものである。地球温暖化という人類史上新しい地球規模の問題にわれわれは直面してはいるが，これまで各地域で抱えてきた災害への対応と通ずるところがあろう。地域が抱えているリスクを特定し（risk identification），そのリスクがどの程度なのかを分析・評価し（risk analysis and assessment），社会に理解してもらうために適切に伝達し（risk communication），それらを運用する（risk management）。こうしたリスク管理手法の中で，地域に応じた適切な

やり方を草の根的に続ける努力が必要である。

一方で，地球温暖化という問題には，突発的災害である震災とは質の異なる部分もある。それは目に見えづらい「ゆっくりした災害」であるということである。長期にわたり人々の生活を脅かす環境の変化に対して，どのようにわれわれは立ち向かっていかねばならないのだろうか。それには三つの考え方がある。温暖化による海面上昇が懸念されるコミュニティを例に考えてみよう。

まずは「災害を避ける」ことである。これまで問題なく低平地で生活できていたコミュニティが，温暖化により長期的な浸水に悩まされる状況が発生する。それを避けるためには高台に移転するという方法がある。そこには土地の問題や，生業（なりわい）を変えなくてはならないなど新たな問題が発生する。

つぎは「災害を防ぐ」ことである。例えば，多くのお金を投入し，立派な防潮堤や土地の嵩上げなど最新の設備や知見を用いて，これからも低平地で生活できる仕組みを実施していくことである。先に述べたように費用対効果や適用可能年数などを適切に検討していかねばならない。

最後は「災害と共存する」ことである。タイ，香港，ベネチアなど，水上での生活を営んでいる地域も多々ある（図 10.9）。海面上昇により浸水期間が長くなった場合，水の塩化により土地利用を変えざるを得ないこともある。ベンガルデルタなどでは，田地とエビの養殖地を浸水時期に応じて使い分けることなどの取り組みも行っている（図 10.10）。こうした気象環境の変化に順応す

図 10.9 香港アバディーンでの水上生活

図 10.10 土地利用を工夫しているベトカシア村の農耕地（遠方）と養殖地（手前）（バングラデシュ）

る取り組みは、農耕や品種改良の技術により可能となったものである。持続可能な災害対応として、これから大いに学ぶべきところがある。

10.3 そして未来の都市へ

21世紀を迎え、100年前とはまったく質の異なる都市空間の中にわれわれは生きている。この100年間の変化は、それ以前の100年間の変化とは比べ物にならないくらい著しい。

インターネットの普及により巨大なデータベースが身近なものになった。情報社会基盤が世界中に整備され、街に出れば、スマートフォンという端末によりいつでもどこでも必要な情報が手に入る。1960年代にアーキグラム（イギリスの前衛建築家集団）により描かれたさまざまな世界が目の前にある。

都市空間はどうだろう。14, 15世紀、ルネサンス時代に栄えたフィレンツェは地上を歩く人の視点もしくは視点を重視し、建物や景観が設計された街であった。20世紀、街の移動手段は大きく変わり、自動車が大衆社会に欠かせないものとなった。ロサンゼルスは、時速数十kmで動くドライバーの視点で生まれた街である。高速道路が張り巡らされ、都市の情報を自動車の速度で把握するために、看板やサインなどの記号にあふれ、フランク・ゲーリーの建築に見られるように建築の形態も大きさも記号化されたかのように変化していった。そしていま、都市の超高層化が進行している。1973年からおよそ30年間、高さ442mで世界一に君臨していたシカゴのシアーズタワー（現ウィリスタワー）は、2004年に台北101に抜かれた（高さ509m）。その後は高さ830mのブルジュドバイなどアジアと中東で500mを超える超高層建築が着々と計画・実現されている。もはや都市は、人間の視点もドライバーの視点も超え、まるで宇宙からの視点でつくられているようである。Google Earthやリモートセンシングの普及により、都市は人間の視点から見上げるものではなく、仮想空間を通じて地球の上から見下ろす時代に突入している。

図10.11は東京都内における超高層建築（高さ60m以上）の変遷である[9]。

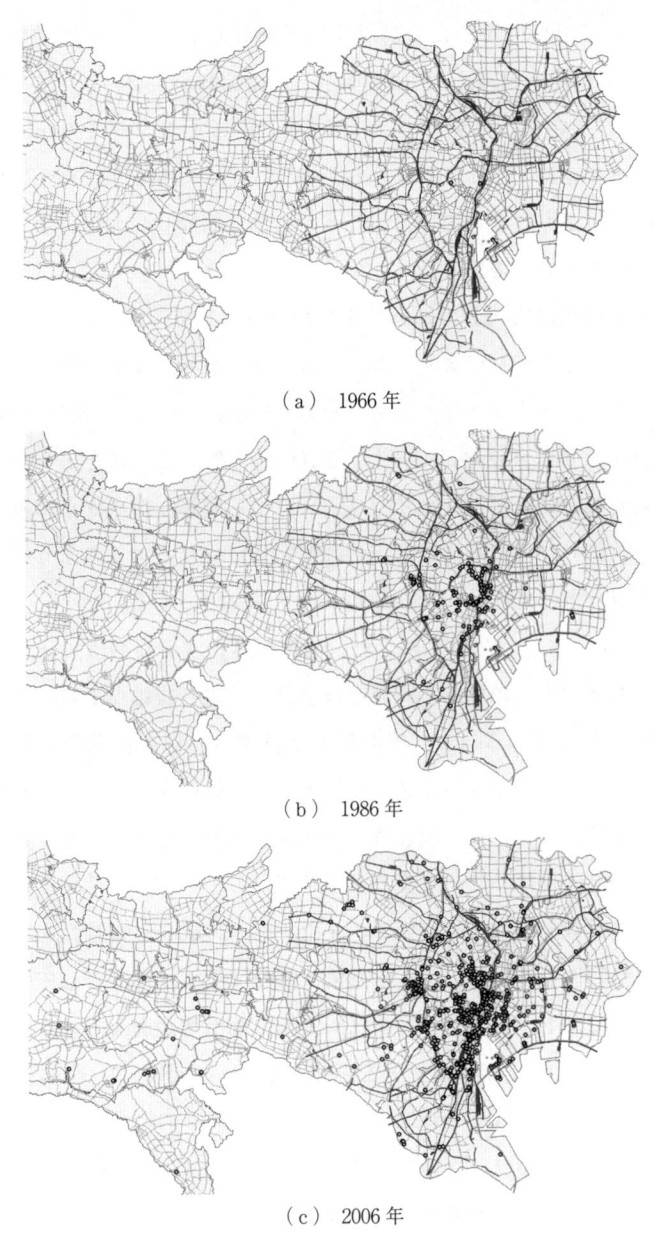

10.3 そして未来の都市へ　　163

(a) 1966年

(b) 1986年

(c) 2006年

地図中の○印が高さ60m以上の超高層建築の位置を示している。

図10.11 東京都内における超高層建築建設の推移（1966～2006）[9]

わが国初の高さ100 mを超える高層建築である霞ヶ関ビルが建設されていた1966年，バブル経済を迎えた1986年，そして2006年（現代）と，20年間隔の変化を示している．1966年当時は三井工業ビルヂング（70 m）とホテルニューオータニ本館（72 m）のみであったのに対し，1986年には135棟，2006年には600棟以上も存在している．こうした超高層時代における新たな防災に関する取り組みも必要である．

超高層建築時代に突入してから発生した事例として，2001年9月11日の同時多発テロがある．テロにより，ニューヨークの世界貿易センターが破壊された．110階建てのツインタワーのそれぞれ78階から84階，94階から98階部分に航空機が直撃し，建物は崩落し，2 700名を超える死者を出した．この事件から，超高層建築棟間のスカイブリッジによる避難，空中からの脱出，情報システムの改善，今後の超高層都市の課題が挙げられる．このように都市の高層化一つを取り上げても，新たな課題がたくさん出てくる．

「災害は進化する」と2章で述べた．都市が進化するならば，それを投影した都市災害も進化するのである．都市は進化し，より複雑なシステムと化している．複雑になればなるほど，脆弱性も増長する．都市が成長すればするほど，それまで想定できなかった新たな都市災害を目にすることになる．

都市リスクは，ハザード，脆弱性，露出度の積で表せる．前章で見てきたとおり，地球の温暖化はハザードを増長させている．一方，ハザードの増長は脆弱な地域の絶対数を増加させている．また，都市の成長は複雑性を増し，系全体としての脆弱性も上げている．そして，露出度を示す尺度としての人口も，地球全体としては上がっている．特に，急激に都市化が進んでいる都市がアジアや南米で多く見られる．21世紀を迎えた現在，ハザード，脆弱性，露出度の各要素は高まっており，それはすなわち都市リスクの増大を意味する．

これまでにない都市リスクの高い時代にわれわれは生きているが，一方で交通網や情報化が進み，機能的な意味で地球は小さくなっている．また，情報の蓄積も進んでいる．こうした時代にわれわれができることは，情報の蓄積，伝達，共有である．

わが国は災害大国であり，多くの被災の経験をしてきた。そうした負の経験を教訓とし，各地で災害対応のための空間を築いてきた。そして，本書では各地に生まれた災害対応の都市・建築空間を紹介してきた。過去に起きた災害の経験とそこから築いてきた知見や空間を，一部の被災地から広く世界へ，そして過去から子供たちの時代へと伝えていくことが重要である。

おわりに

　1995年1月17日，兵庫県南部地震が発生した。当時，著者は横浜国立大学大学院博士課程後期の3年次に在籍しており，また一級建築士の資格を取得したばかりであり，4月から建築設計の分野で働こうと思っていた。阪神・淡路大震災の深刻さは理解しつつも，建築巡礼に明け暮れていた自分が都市防災にかかわるとは思ってもいなかった。それから数週間後，恩師である村上處直先生から「復興に関する調査や計画案の作成などを手伝ってほしい。防災の分野に絵の描ける人間が必要なのだ」という主旨で声をかけられた。防災をとるか，設計をとるか，自分にとっては非常に大きな選択であり，人生の岐路に立つ思いであった。悩んだ挙げ句，建築家の北山 恒先生に相談したところ，「都市や建築の設計には，これから防災の考え方が重要になってくる。村上先生のもとでそういう環境にいられることは，きっと無駄にはならない」という主旨の返事をいただいた。それがきっかけとなり，都市防災分野への一歩を踏み出した。

　それから18年が経過した。その間，都市・建築空間という切り口で，都市防災の研究を行ってきた。そこにはすでに体系化された世界があったわけではなく，文献とフィールドによる調査を積み重ねながら，試行錯誤して，災害管理と空間計画に関する学術的な考え方を模索してきた感がある。そうした自分自身の軌跡として本書が完成した。結果として，企画の初期段階で描いていた内容をすべて盛り込むことはできなかった。また，専門的な見地からすれば，不十分なところも多々あるはずである。ただ，「災害対応の都市・建築空間」領域の今後につながる地図は描けたのではないかと思う。

　本書の執筆にあたり，フルブライト奨学金研究員プログラム2009-2010ならびに平成23年度前田記念工学振興財団研究助成による支援をいただいた。また，都市防災復興デザイン研究室の卒業生らの研究成果も一部使わせていただいた。コロナ社の方々には原稿の遅れにもかかわらず，支援していただいた。さらに，家族・友人・同業の研究者たちなど，ここに書ききれない多くの方々との交流の中で，本書が生まれたことを認識している。記して謝意を表する。最後に，1996年に他界した両親に感謝を込めて本書を贈りたい。

（村尾　修）

引用・参考文献

■1章
1) B. Rudofsky : Architecture without Architects, The Museum of Modern Art (1965)，渡辺武信 訳：建築家なしの建築，鹿島出版会 (1984)
2) 森田慶一 訳注：ウィトルーウィウス建築書，p. 15，東海大学出版会 (1979)
3) 日笠　端：都市計画，p. 161，共立出版 (1977)
4) 黄　永融：風水都市 ── 歴史都市の空間構成，学芸出版社 (1999)
5) 尾島俊雄：安心できる都市，早稲田大学理工総研シリーズ 7，早稲田大学出版部 (1996)
6) K. Lynch : The Image of the City, Harvard-MIT Joint Center for Urban Studies Series (1960)
7) 公園緑地，Vol. 7, No. 4 (1943)
8) 高見沢　実：初学者のための都市工学入門，鹿島出版会 (2000)
9) 大辞泉，小学館 (1998)
10) 尾島俊雄：安心できる都市，早稲田大学理工総研シリーズ 7，早稲田大学出版部 (1996)
11) 建築大辞典 第 2 版，彰国社 (1993)

■2章
1) Munich Re Group : A Natural Hazard Index for megacities, Topics Annual Review : Natural Catastrophes 2002 (2003)
2) 地震調査研究推進本部：地震動予測地図ウェブサイト全国版
   http://www.jishin.go.jp/main/yosokuchizu/index.html (2013 年 7 月現在)
3) 気象庁：地震と火山
   http://www.jma.go.jp/jma/kishou/know/whitep/2-1.html (2013 年 7 月現在)
4) 内閣府：日本の災害対策，防災情報のページ
   http://www.bousai.go.jp/1info/pamph.html (2007) (2013 年 7 月現在)
5) 総務局統計局：世界の統計 2010
   http://www.stat.go.jp/data/sekai/index.htm (2013 年 7 月現在)
6) 建築大辞典 第 2 版，彰国社 (1993)
7) 磯崎　新：見えない都市，空間へ，pp. 380-404，美術出版社 (1970)

8) 目黒公郎，村尾　修：都市と防災，放送大学教育振興会 (2008)
■3章
1) 太田博太郎ほか：図説　日本の町並み　全12巻，第一法規 (1982)
2) 福田祐子：災害対応のための都市・建築空間デザインの系譜，筑波大学第三学群社会工学類 2007 年度卒業論文
■4章
1) 目黒公郎，村尾　修：都市と防災，放送大学教育振興会 (2008)
2) 日本自然災害学会　監修：防災事典，築地書館 (2002)
3) 墨田区：路地尊
   http://www.city.sumida.lg.jp/sumida_info/kankyou_hozen/amamizu/riyou/rozison.html (2013 年 7 月現在)
4) 災害情報センター研究会：オンライン利用ユーザーズ・ガイド (1995)
■5章
1) M. マクルーハン　著，栗原　裕，河本仲聖　共訳：メディア論―人間の拡張の諸相，みすず書房 (1987)
2) 高橋　博，竹田　厚，谷本勝利，都司嘉宣，磯崎一郎　編纂：沿岸災害の予知と防災 ― 津波・高潮にどう備えるか，白亜書房 (1988)
3) 日本建築学会：構造用教材，日本建築学会 (1985)
4) 彰国社：建築大辞典　第 2 版，彰国社 (1993)
5) NOAA, USGS, FEMA, NSF, Alaska, California, Hawaii, Oregon, and Washington : Designing for Tsunamis ― Seven Principles for Planning and Designing for Tsunami Hazards
   http://nthmp-history.pmel.noaa.gov/Designing_for_Tsunamis.pdf (2013 年 7 月現在)
6) 最新建設防災ハンドブック編集委員会：最新建設　防災ハンドブック，建設産業調査会 (1983)
7) 自治省消防庁消防研究所：酒田市大火の延焼状況等に関する調査報告書（昭和 52 年 10 月）
   http://nrifd.fdma.go.jp/publication/gijutsushiryo/gijutsushiryo_01_40/fils/shiryo_no11.pdf (2013 年 7 月現在)
8) 東京都都市整備局：防災都市づくり推進計画 ―「燃えない」「壊れない」震災に強い都市の実現を目指して (2010)
   http://www.metro.tokyo.jp/INET/KEIKAKU/2010/01/70k1s100.htm (2013 年 7 月現在)

9) 横須賀市都市部：横須賀市土地利用基本条例第7条の規定に基づく土地利用の調整に関する指針（平成22年4月）
http://www.city.yokosuka.kanagawa.jp/4805/tokei/kihon_k/documents/sisin.pdf
（2013年7月現在）
10) 村尾　修，仲里英晃：スリランカにおける2004年インド洋津波被災地の復興状況調査報告—2005年11月時点でのゴール・マタラ・ハンバントタの事例，日本都市計画論文集，No. 41-3, pp. 683-688 (2006)
11) Hawaii Redevelopment Agency : Urban Renewal Plan for the Kaiko'o Project No. Hawaii R-4, Hilo, Hawaii (1965)
12) 村尾　修，礒山　星：岩手県沿岸部津波常襲地域における住宅立地の変遷—明治および昭和の三陸大津波被災地を対象として，日本建築学会計画系論文集，Vol. 77, No. 671, pp. 57-65 (2012)

■6章
1) 日本自然災害学会　監修：防災事典，築地書館 (2002)
2) 津波避難ビル等に係るガイドライン検討会内閣府政策統括官（防災担当）：津波避難ビル等に係るガイドライン（平成17年6月）
http://www.bousai.go.jp/kohou/oshirase/h17/pdf/guideline.pdf （2013年7月現在）
3) 川崎市防災会議：川崎市地域防災計画震災対策編（平成24年度修正版）
http://www.city.kawasaki.jp/160/page/0000034665.html （2013年7月現在）
4) 杉安和也，村尾　修：アチェ州における2004年インド洋津波以降の津波避難ビル活用状況の比較，日本建築学会技術報告集，Vol. 19, No. 41, pp. 299-302 (2013)

■7章
1) 日本自然災害学会　監修：防災事典，築地書館 (2002)
2) 山下文男：哀史三陸大津波，青磁社 (1982)
3) 村尾　修，礒山　星：岩手県沿岸部津波常襲地域における住宅立地の変遷—明治および昭和の三陸大津波被災地を対象として，日本建築学会計画系論文集，Vol. 77, No. 671, pp. 57-65 (2012)
4) 社団法人プレハブ建築協会：有珠山噴火仮設住宅建設の記録 2000 (2001)
5) 牧　紀男：自然災害後の「応急居住空間」の変遷とその整備手法に関する研究，京都大学大学院工学研究科博士論文 (1997)
6) 仮設市街地研究会：提言！　仮設市街地—大地震に備えて，学芸出版社 (2008)
7) 村尾　修，杉安和也，仲里英晃：タイにおける2004年インド洋津波被災後の復興過程に関する考察と建物復興曲線の構築，日本都市計画論文集，No. 43-3, pp. 745-750 (2008)

8) 杉安和也，村尾 修：復興曲線を用いたインドネシアにおける2004年インド洋津波被災地の建物・インフラ復興過程の比較分析，地域安全学会論文集，No. 12, pp. 11-20 (2010)

■8章

1) DEMOGRAPHIA : Demographia World Urban Areas (World Agglomerations), 8th Annual Edition : Version 2 (2012)
http://www.demographia.com/db-worldua.pdf (2013年7月現在)
2) 百科事典マイペディア (2005)
http://kotobank.jp/dictionary/mypedia/ (2013年7月現在)
3) 日本自然災害学会 監修：防災事典，築地書館 (2002)
4) 彰国社：建築大辞典 第2版，彰国社 (1993)
5) Carlos Fogaça: Lisboaexperience, Bertrand Editora (2008)
6) J. Keniston-Longrie : Seattle's Pioneer Square, Arcadia Publishing (2009)
7) A. Topolska : Warsaw Past and Present, Parma Press (2005)
8) Zburzona J. Odbudowana : Warsaw Destroyed and Rebuild, Festina (2004)
9) U. S. Census Bureau : Census 2010
http://www.census.gov/2010census/ (2013年7月現在)
10) Department of Business, Economic Development & Tourism, State of Hawaii : 2008 State of Hawaii Data Book Individual Tables (2008)
http://hawaii.gov/dbedt/info/economic/databook/2008-individual/ (2013年7月現在)
11) 村尾 修，W. C. ダッドリー：三陸海岸地域およびヒロにおける津波復興・防災計画の比較，日本建築学会技術報告集，Vol. 17, No. 35, pp. 333-338 (2011)
12) Territorial Planning Board, Territory of Hawaii in collaboration with County Board of Supervisors County of Hawaii : Publication No.9 December 1940 Master Plan of the City of Hilo, County of Hawaii, Hawaii. Honolulu (1941)
13) 南投県集集鎮公所：浴火重生的集集 (2001)
14) 集集鎮志編纂委員会：集集鎮志 (1998)
15) Department of Census and Statistics : Census of Persons, Housing Units and Other Buildings affected by Tsunami, 26th December 2004, Department of Census and Statistics, Sri Lanka (2005)
16) National Disaster Management Centre : Tsunami Disaster, 2004
http://www.recoverlanka.net/data/11march.xls (2013年7月現在)
17) 村尾 修，仲里英晃：スリランカにおける2004年インド洋津波被災地の復興状

況調査報告―2005年11月時点でのゴール・マタラ・ハンバントタの事例, 日本都市計画論文集, No. 41-3, pp. 683-688 (2006)

■9章
1) ジークフリード・ギーディオン 著, 太田 實 訳:新版 空間 時間 建築, 丸善 (1969)
2) モートン D. デービス, 桐谷 維, 森 克美 訳:ゲームの理論入門, 講談社 (1973)
3) O. Murao : Structure of Post-earthquake Recovery Process after the 1999 Chi-Chi Earthquake ― A Case Study of Chi-Chi, Proceedings of the International Symposium on City Planning, pp. 164-175, Taipei, Taiwan (2010)
4) O. Murao and H. Nakazato, : Recovery Curves for Housing Reconstruction in Sri Lanka after the 2004 Indian Ocean Tsunami, Journal of Earthquake and Tsunami, Vol. 4, No. 2, pp. 51-60, DOI No : 10.1142/S1793431110000765 (2010)
5) O. Murao, K. Sugiyasu and H. Nakazato : Study on Recovery Curves for Housing Reconstruction in Sri Lanka, Thailand, and Indonesia after the 2004 Indian Ocean Tsunami, Proceedings of the 10th International Symposium on New Technologies for Urban Safety of Mega Cities in Asia (USB), 8 p., Chiang Mai, Thailand (2011)
6) 村尾 修:1. 記憶と継承 都市復興アーカイブズの構築に向けて アーカイバル・サイエンスとしての都市復興の記述, 復興まちづくりの時代―震災から誕生した次世代戦略, 造景新書, 建築資料研究社, pp. 62-65 (2006)
7) 村尾 修, 宮本 篤, 川崎拓郎:Google Earth を用いた集集鎮における都市復興デジタルアーカイブズの構築, 日本地震工学会論文集, Vol. 10, No. 3, 地震工学会, pp. 73-89 (2010)

■10章
1) The United Nations Intergovernmental Panel on Climate Change (IPCC) : Climate Change 2007, the Fourth Assessment Report of the United Nations, Intergovernmental Panel on Climate Change (2007)
http://www.ipcc.ch/pdf/assessment-report/ar4/syr/ar4_syr.pdf
2) 文部科学省・気象庁・環境省・経済産業省:IPCC 第4次評価報告書 統合報告書 政策決定者向け要約 (2007)
http://www.env.go.jp/earth/ipcc/4th/syr_spm.pdf (2013 年 7 月現在)
3) 環境省地球環境局:Stop の 温暖化 2012
http://www.env.go.jp/earth/ondanka/stop2012/index.html (2013 年 7 月現在)
4) 環境省地球環境局:Stop の 温暖化 2008

http://www.env.go.jp/earth/ondanka/stop2008/index.html
5) 環境省地球環境局：Stop the 温暖化 2005
　　　http://www.env.go.jp/earth/ondanka/stop2005/index.html（2013年7月現在）
6) 気象庁：世界の異常気象，異常気象の特徴と要因に関する情報（地域別に情報を表示）
　　　http://www.data.jma.go.jp/gmd/cpd/monitor/extreme_world/world.html（2013年7月現在）
7) 気象庁：世界の年の天候
　　　http://www.data.jma.go.jp/gmd/cpd/monitor/annual/（2013年7月現在）
8) 気象庁：気候変動監視レポート 2006 ― 世界と日本の気候変動および温室効果ガスとオゾン層等の状況について（平成19年3月）
　　　http://www.data.kishou.go.jp/climate/cpdinfo/monitor/2006/pdf/CCMR2006_all.pdf（2013年7月現在）
9) 宮本　篤：東京23区における超高層建築の変遷と用途変化に関する研究，筑波大学環境科学研究科 2004年度修士論文

索引

【あ】
アーカイバルサイエンス 148
安全性 5

【い, う】
一時集合場所 86
一時避難場所 86
ウィトルーウィウス建築書 5

【え】
エレベーター 122
沿岸緑地帯 76
延焼遮断帯 72
鉛直避難 92

【か】
快適性 5
嵩上げ 73
火災 70
霞ヶ関ビル 164
雁木造り 67
環濠集落 11
緩衝帯 69

【き】
気候変動に関する政府間パネル 153
銀座レンガ街 42

【け】
ケビン・リンチ 8
建築家なしの建築 3

【こ】
広域防災拠点施設 96
江東デルタ地帯 2

【さ】
災害 29
——の連鎖 31
災害対応の循環体系 52
災害対策基本法 29, 51
酒田の大火 71

【し, す】
シカゴ窓 122
ジークフリード・ギーディオン 136
水平避難 90

【せ】
脆弱性 16
世界保健機構 5

【た, つ】
高床式住宅 56
津波避難タワー 89
津波避難ビル 89

【と】
都市 28
都市災害 30
都市リスク 16, 20

【は】
ハザード 16

ハザードマップ 90

【ひ】
避難場所 87
ピロティ 69
ピロティ形式 108

【ふ】
風水思想 7
復興曲線 144
プレハブ建築協会 103
文書館学 148

【ほ】
防空都市計画 15
防潮堤 69
保健性 5

【り】
リスク 19
利便性 5
稜堡 13

【ろ】
路地尊 56
露出度 16
ローマ街道 9
ローマンウォール 10
ロンドン再建計画 118

IPCC 153
Kaiko'o Project 127

―― 著者略歴 ――

1989 年	横浜国立大学工学部建設学科卒業
1992 年	横浜国立大学大学院工学研究科博士課程前期修了
1995 年	横浜国立大学大学院工学研究科博士課程後期単位取得退学
1995 年	株式会社防災都市計画研究所研究員
1996 年	東京大学生産技術研究所助手
1999 年	博士（工学）（東京大学）
2000 年	筑波大学講師
2005 年	筑波大学大学院システム情報工学研究科助教授
2007 年	筑波大学大学院システム情報工学研究科准教授
2013 年	東北大学災害科学国際研究所教授（地域・都市再生研究部門 国際防災戦略研究分野）
	現在に至る

建築・空間・災害
Architecture, Space and Disaster　　　　　　　　　Ⓒ Osamu Murao 2013

2013 年 9 月 20 日　初版第 1 刷発行　　　　　　　　　★

検印省略	著　者	村　尾　　　修
	発行者	株式会社　コロナ社
	代表者	牛来真也
	印刷所	萩原印刷株式会社

112-0011　東京都文京区千石 4-46-10

発行所　株式会社　コ ロ ナ 社
CORONA PUBLISHING CO., LTD.
Tokyo　Japan

振替 00140-8-14844・電話 (03) 3941-3131 (代)

ホームページ http://www.coronasha.co.jp

ISBN 978-4-339-07930-2　　（柏原）　　（製本：愛千製本所）
Printed in Japan

本書のコピー，スキャン，デジタル化等の無断複製・転載は著作権法上での例外を除き禁じられております。購入者以外の第三者による本書の電子データ化及び電子書籍化は，いかなる場合も認めておりません。

落丁・乱丁本はお取替えいたします

シミュレーション辞典

日本シミュレーション学会 編
A5判／452頁／定価9,450円／上製・箱入り

- ◆編集委員長　大石進一（早稲田大学）
- ◆分野主査　山崎 憲（日本大学），寒川 光（芝浦工業大学），萩原一郎（東京工業大学），矢部邦明（東京電力株式会社），小野 治（明治大学），古田一雄（東京大学），小山田耕二（京都大学），佐藤拓朗（早稲田大学）
- ◆分野幹事　奥田洋司（東京大学），宮本良之（産業技術総合研究所），小俣 透（東京工業大学），勝野 徹（富士電機株式会社），岡田英史（慶應義塾大学），和泉 潔（東京大学），岡本孝司（東京大学）

（編集委員会発足当時）

> シミュレーションの内容を共通基礎，電気・電子，機械，環境・エネルギー，生命・医療・福祉，人間・社会，可視化，通信ネットワークの8つに区分し，シミュレーションの学理と技術に関する広範囲の内容について，1ページを1項目として約380項目をまとめた。

- Ⅰ　共通基礎（数学基礎／数値解析／物理基礎／計測・制御／計算機システム）
- Ⅱ　電気・電子（音響／材料／ナノテクノロジー／電磁界解析／VLSI設計）
- Ⅲ　機械（材料力学・機械材料・材料加工／流体力学・熱工学／機械力学・計測制御・生産システム／機素潤滑・ロボティクス・メカトロニクス／計算力学・設計工学・感性工学・最適化／宇宙工学・交通物流）
- Ⅳ　環境・エネルギー（地域・地球環境／防災／エネルギー／都市計画）
- Ⅴ　生命・医療・福祉（生命システム／生命情報／生体材料／医療／福祉機械）
- Ⅵ　人間・社会（認知・行動／社会システム／経済・金融／経営・生産／リスク・信頼性／学習・教育／共通）
- Ⅶ　可視化（情報可視化／ビジュアルデータマイニング／ボリューム可視化／バーチャルリアリティ／シミュレーションベース可視化／シミュレーション検証のための可視化）
- Ⅷ　通信ネットワーク（ネットワーク／無線ネットワーク／通信方式）

本書の特徴

1. シミュレータのブラックボックス化に対処できるように，何をどのような原理でシミュレートしているかがわかることを目指している。そのために，数学と物理の基礎にまで立ち返って解説している。

2. 各中項目は，その項目の基礎的事項をまとめており，1ページという簡潔さでその項目の標準的な内容を提供している。

3. 各分野の導入解説として「分野・部門の手引き」を供し，ハンドブックとしての使用にも耐えうること，すなわち，その導入解説に記される項目をピックアップして読むことで，その分野の体系的な知識が身につくように配慮している。

4. 広範なシミュレーション分野を総合的に俯瞰することに注力している。広範な分野を総合的に俯瞰することによって，予想もしなかった分野へ読者を招待することも意図している。

定価は本体価格＋税5％です。
定価は変更されることがありますのでご了承下さい。

図書目録進呈◆

土木・環境系コアテキストシリーズ

(各巻A5判)

- ■編集委員長　日下部 治
- ■編集委員　小林 潔司・道奥 康治・山本 和夫・依田 照彦

共通・基礎科目分野

配本順			頁	定価
A-1 (第9回)	土木・環境系の力学	斉木 功 著	208	2730円
A-2 (第10回)	土木・環境系の数学 ―数学の基礎から計算・情報への応用―	堀 宗朗・市村 強 共著	188	2520円
A-3 (第13回)	土木・環境系の国際人英語	井合 進・R. Scott Steedman 共著	206	2730円
A-4	土木・環境系の技術者倫理	藤原 章正・木村 定雄 共著		

土木材料・構造工学分野

B-1 (第3回)	構造力学	野村 卓史 著	240	3150円
B-2	土木材料学	中村 聖三・奥松 俊博 共著		近刊
B-3 (第7回)	コンクリート構造学	宇治 公隆 著	240	3150円
B-4 (第4回)	鋼構造学	舘石 和雄 著	240	3150円
B-5	構造設計論	佐藤 尚次・香月 智 共著		

地盤工学分野

C-1	応用地質学	谷 和夫 著		
C-2 (第6回)	地盤力学	中野 正樹 著	192	2520円
C-3 (第2回)	地盤工学	髙橋 章浩 著	222	2940円
C-4	環境地盤工学	勝見 武 著		

配本順　　　　　　　**水工・水理学分野**　　　　　　　頁　定価

D-1 (第11回)	水理学	竹原幸生著	204	2730円
D-2 (第5回)	水文学	風間聡著	176	2310円
D-3	河川工学	竹林洋史著		近刊
D-4 (第14回)	沿岸域工学	川崎浩司著	218	2940円

土木計画学・交通工学分野

E-1	土木計画学	奥村誠著		近刊
E-2	都市・地域計画学	谷下雅義著		
E-3 (第12回)	交通計画学	金子雄一郎著	238	3150円
E-4	景観工学	川﨑雅史・久保田善明 共著		
E-5	空間情報学	須﨑純一・畑山満則 共著		近刊
E-6 (第1回)	プロジェクトマネジメント	大津宏康著	186	2520円
E-7 (第15回)	公共事業評価のための経済学	石倉智樹・横松宗太 共著	238	3045円

環境システム分野

F-1	水環境工学	長岡裕著		
F-2 (第8回)	大気環境工学	川上智規著	188	2520円
F-3	環境生態学	西村修・山田一裕・中野和典 共著		
F-4	廃棄物管理学	島岡隆行・中山裕文 共著		
F-5	環境法政策学	織朱實著		

定価は本体価格＋税5％です。
定価は変更されることがありますのでご了承下さい。

図書目録進呈◆

建築構造講座

(各巻A5判，欠番は品切です)

配本順			頁	定価
7. (13回)	改訂 建築材料	佐治泰次編著	368	5775円
15. (11回)	骨組の弾性力学	鷲尾健三／鬼武信夫 共著	354	5565円
17. (9回)	建築振動学	田治見宏著	224	2625円

計算工学シリーズ

(各巻A5判)

配本順			頁	定価
1. (5回)	一般逆行列と構造工学への応用	川口健一著	224	3465円
2. (2回)	非線形構造モデルの動的応答と安定性	藤井・瀧・萩原／本間・三井 共著	192	2520円
3. (4回)	構造と材料の分岐力学	藤井文夫／大崎純／池田清宏 共著	204	2730円
4. (3回)	発見的最適化手法による構造のフォルムとシステム	三井・大崎・大森／田川・本間 共著	198	2730円
5. (1回)	ボット・ダフィン逆行列とその応用	半谷裕彦／佐藤健／青木孝義 共著	156	2100円

定価は本体価格+税5％です。
定価は変更されることがありますのでご了承下さい。

図書目録進呈◆

シリーズ　21世紀のエネルギー

（各巻A5判）

■日本エネルギー学会編

			頁	定価
1.	21世紀が危ない ― 環境問題とエネルギー ―	小島紀徳著	144	1785円
2.	エネルギーと国の役割 ― 地球温暖化時代の税制を考える ―	十市　勉 小川芳樹 佐川直人 共著	154	1785円
3.	風と太陽と海 ― さわやかな自然エネルギー ―	牛山　泉他著	158	1995円
4.	物質文明を超えて ― 資源・環境革命の21世紀 ―	佐伯康治著	168	2100円
5.	Cの科学と技術 ― 炭素材料の不思議 ―	白石・大谷 京谷・山田 共著	148	1785円
6.	ごみゼロ社会は実現できるか	行本正雄 西哲生 立田真文 共著	142	1785円
7.	太陽の恵みバイオマス ― CO_2を出さないこれからのエネルギー ―	松村幸彦著	156	1890円
8.	石油資源の行方 ― 石油資源はあとどれくらいあるのか ―	JOGMEC調査部編	188	2415円
9.	原子力の過去・現在・未来 ― 原子力の復権はあるか ―	山地憲治著	170	2100円
10.	太陽熱発電・燃料化技術 ― 太陽熱から電力・燃料をつくる ―	吉田一雄 児玉竜也 郷右近展之 共著	174	2200円

以下続刊

21世紀の太陽電池技術	荒川裕則著	キャパシタ ― これからの「電池ではない電池」―	直井・石川・白石共著
マルチガス削減 ― エネルギー起源CO₂以外の温暖化要因を含めた総合対策 ―	黒沢敦志著	「エネルギー学」入門	内山洋司他著
バイオマスタウンとバイオマス利用設備100	森塚・山本・吉田共著	新しいバイオ固形燃料 ― バイオコークス ―	井田民男著

定価は本体価格+税5％です。
定価は変更されることがありますのでご了承下さい。

図書目録進呈◆

リスク工学シリーズ

(各巻A5判)

■編集委員長　岡本栄司
■編集委員　　内山洋司・遠藤靖典・鈴木　勉・古川　宏・村尾　修

配本順			頁	定価
1.(1回)	**リスク工学との出会い**	遠藤靖典／村尾修 編著	176	2310円
	伊藤　誠・掛谷英紀・岡島敬一・宮本定明 共著			
2.(3回)	**リスク工学概論**	鈴木　勉 編著	192	2625円
	稲垣敏之・宮本定明・金野秀敏 岡本栄司・内山洋司・糸井川栄一 共著			
3.(2回)	**リスク工学の基礎**	遠藤靖典 編著	176	2415円
	村尾　修・岡本　健・掛谷英紀 岡島敬一・庄司　学・伊藤　誠 共著			
4.(4回)	**リスク工学の視点とアプローチ** ―現代生活に潜むリスクにどう取り組むか―	古川　宏 編著	160	2310円
	佐藤美佳・亀山啓輔・谷口綾子 梅本通孝・羽田野祐子 共著			
5.	**あいまいさの数理**	遠藤靖典 著		
6.(5回)	**確率論的リスク解析の数理と方法**	金野秀敏 著	188	2625円
7.(6回)	**エネルギーシステムの社会リスク**	内山洋司・羽田野祐子・岡島敬一 共著	208	2940円
8.	**情報セキュリティ**	岡本栄司・満保雅浩 共著		
9.	**都市のリスクとマネジメント**	糸井川栄一 編著		近刊
	鈴木　勉・村尾　修・梅本通孝・谷口綾子 共著			
10.(7回)	**建築・空間・災害**	村尾　修 著	186	2730円

定価は本体価格＋税5％です。
定価は変更されることがありますのでご了承下さい。

図書目録進呈◆